Outils
POUR LES
Maths

Cahier de Géométrie

+ Grandeurs et mesures
+ Organisation et gestion de données

Sylvie Carle
Sylvie Ginet
Stéphanie Grison
Professeurs des écoles

Coordination :
Isabelle Petit-Jean
Professeur des écoles

MAGNARD

Conception de couverture : Delphine d'Inguimbert
Conception de la maquette intérieure : Graph'm
Mise en page : STDI
Infographie : Valérie Goncalves et Christel Parolini
Illustrations : Marie-Hélène Tran-Duc (p.51 et p.63)
Crédit photos : © Fotolia
Responsable d'édition : Isabelle Ravilly
Édition : Claire Ollivier
ISBN : 978-2-210-50122-5

© Magnard 2015
5, allée de la 2e D.B.
75015 Paris

Aux termes du Code de la propriété intellectuelle, toute reproduction ou représentation intégrale ou partielle de la présente publication, faite par quelque procédé que ce soit (reprographie, microfilmage, scannérisation, numérisation...) sans le consentement de l'auteur ou de ses ayants droit ou ayants cause est illicite et constitue une contrefaçon sanctionnée par les articles L.335-2 et suivants du Code de la propriété intellectuelle.
L'autorisation d'effectuer des reproductions par reprographie doit être obtenue auprès du Centre Français d'exploitation du droit de Copie (CFC) – 20, rue des Grands-Augustins – 75006 PARIS – Tél. : 01 44 07 47 70 – Fax : 01 46 34 67 19.

Sommaire

Géométrie

Grandeurs et mesures

Organisation et gestion de données

1 Identifier et tracer des droites perpendiculaires

1 Repasse en rouge les segments perpendiculaires aux segments violets.

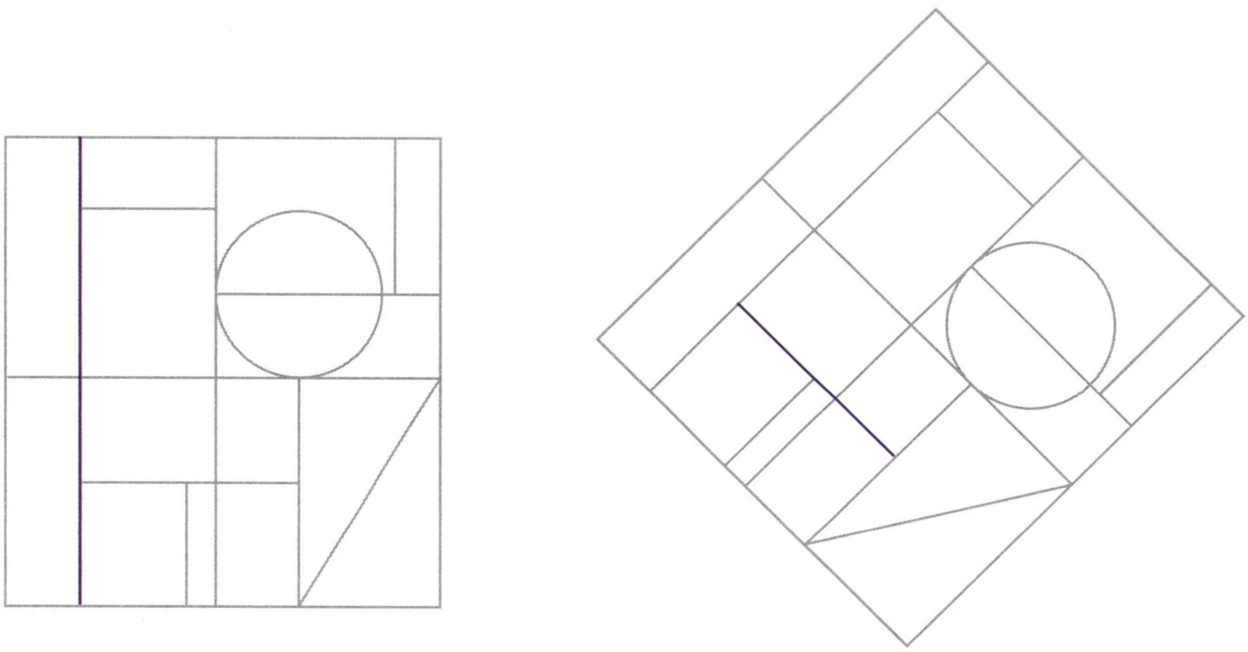

2 Repasse en bleu les droites qui sont perpendiculaires à (d), puis trace une droite perpendiculaire à (d) passant par le point G.

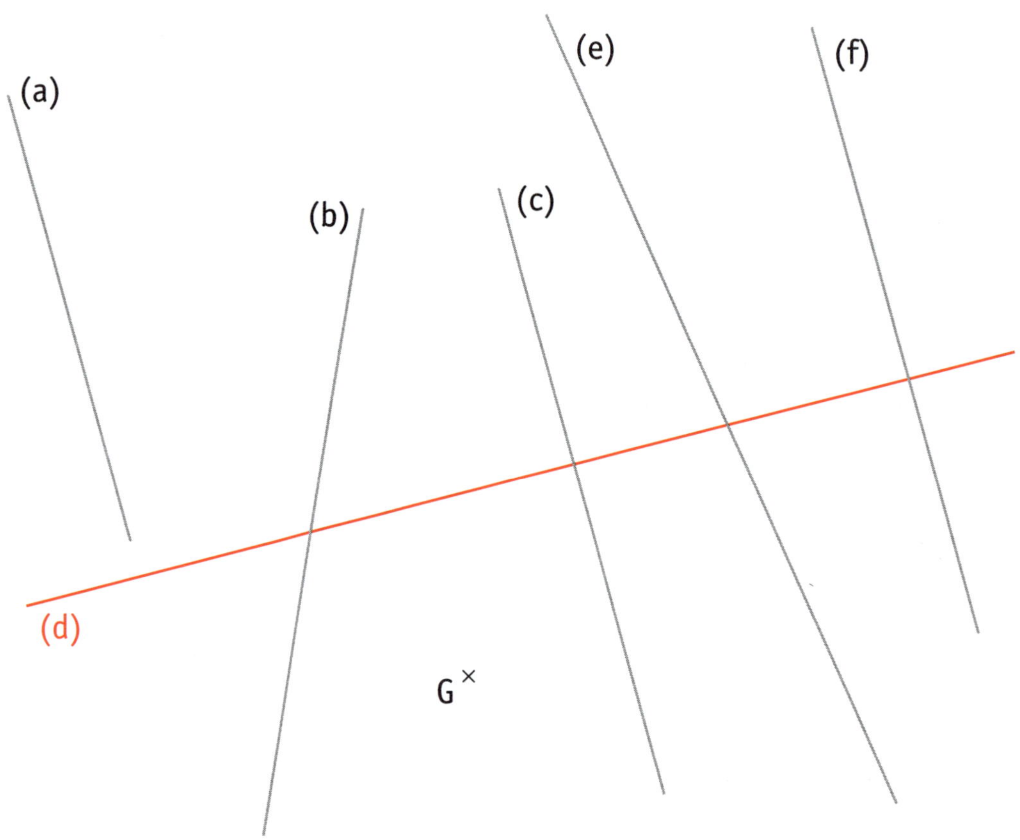

3 **Trace :**

- une droite (z) perpendiculaire à (y) passant par le point C ;
- une droite (x) perpendiculaire à (z) passant par le point C ;
- une droite (w) perpendiculaire à (x) passant par le point B.

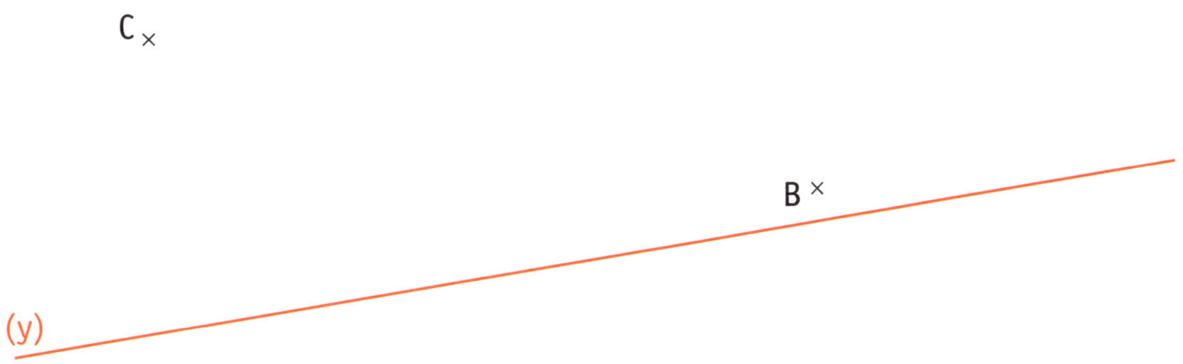

Quelle figure viens-tu de tracer ? ....

4 **Reproduis ce tableau en utilisant ta règle et ton équerre, puis colorie-le.**

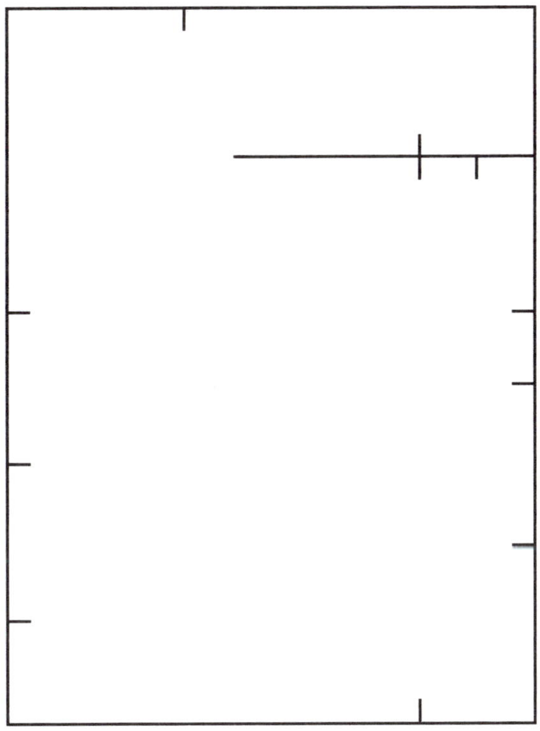

2 Identifier et tracer des droites parallèles

1 Repasse d'une même couleur les couples de droites parallèles.

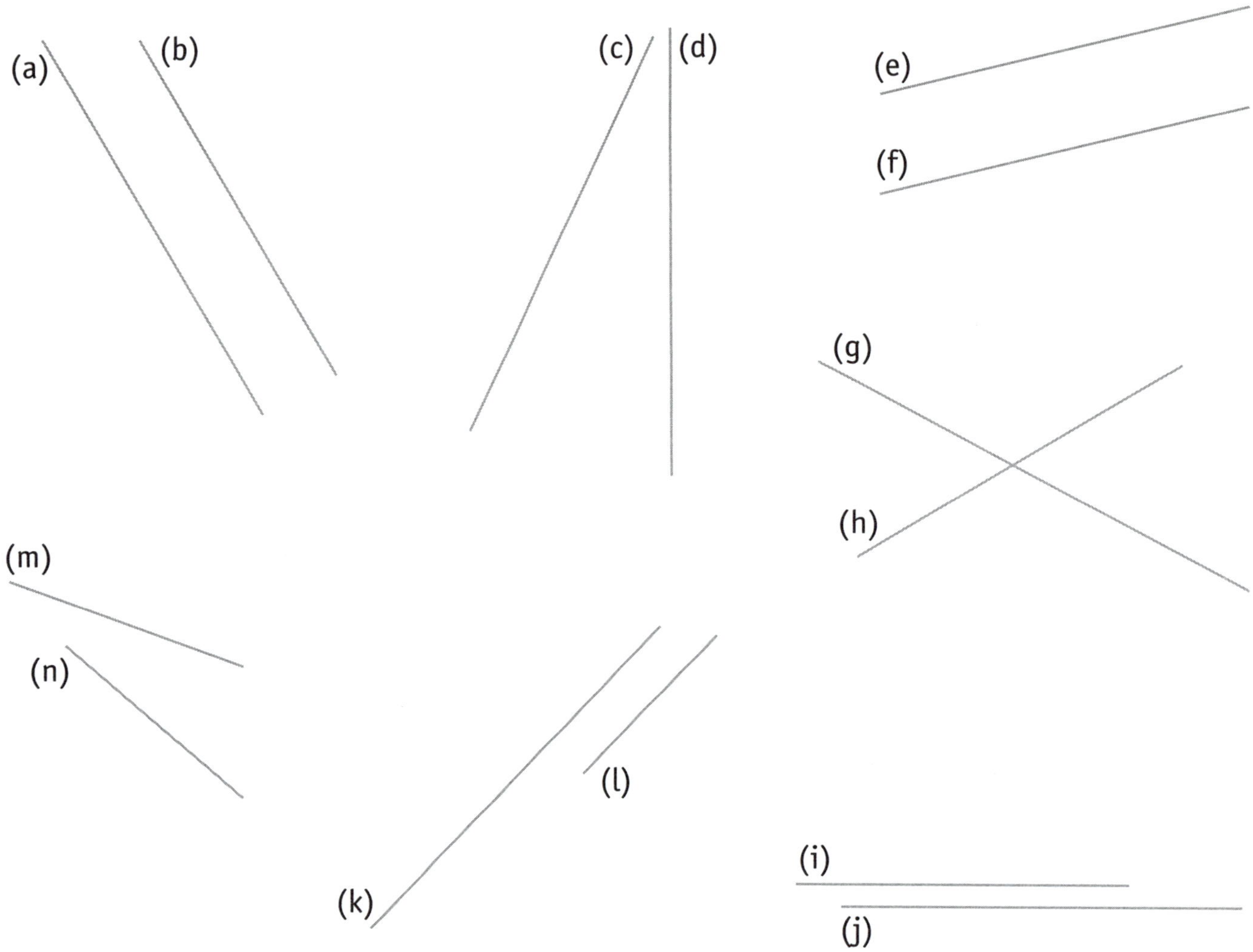

2 Termine cette frise.

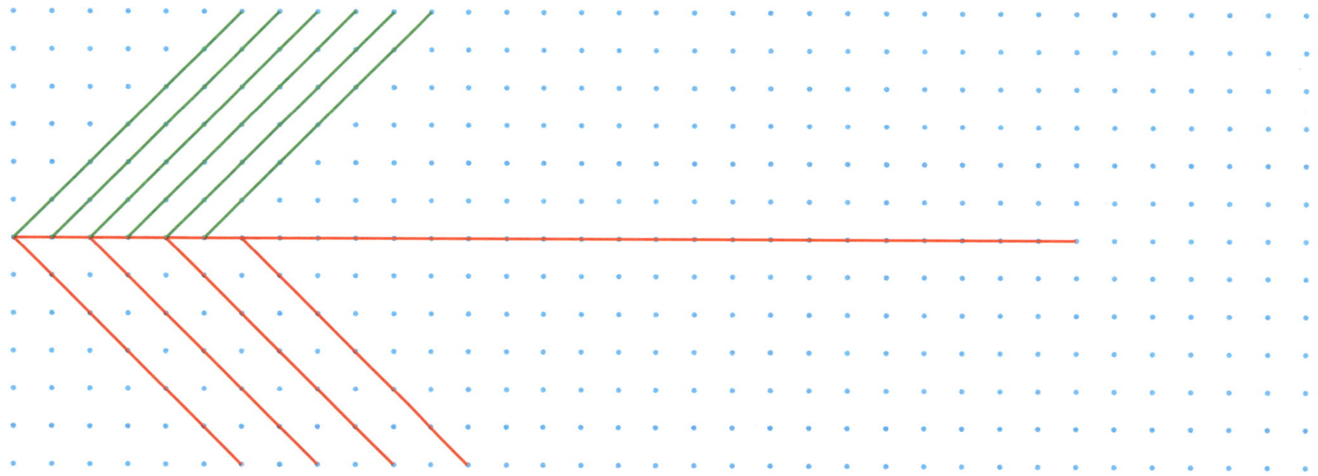

3 Trace :

- une droite parallèle à la droite verte passant par le point A ;
- une droite parallèle à la droite bleue passant par le point B ;
- une droite parallèle à la droite verte passant par le point C.

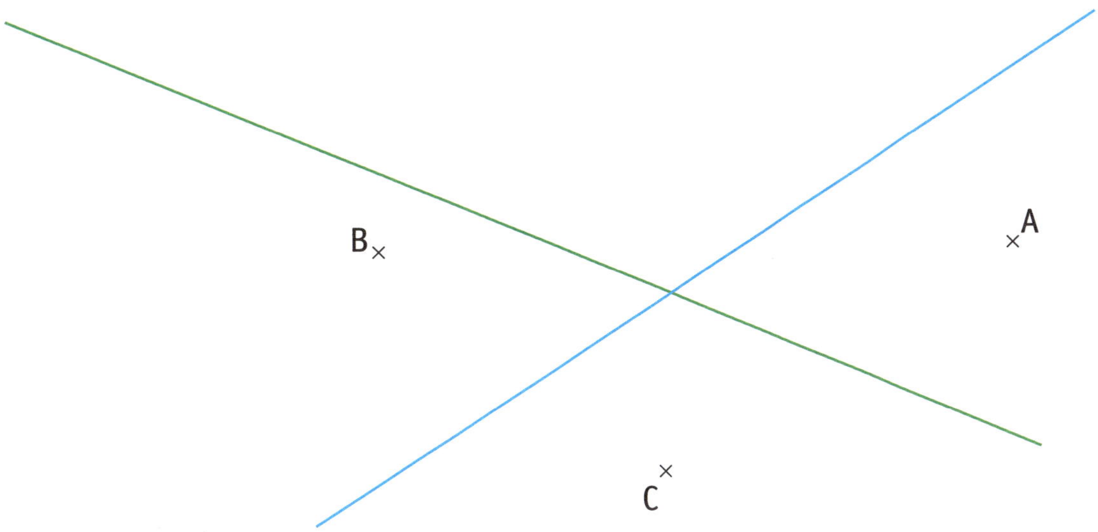

4 Trace :

- une droite (d) et place un point A sur cette droite ;
- une droite (g) qui coupe (d) en O et place un point B sur cette droite ;
- une droite parallèle à (d) passant par B ;
- une droite parallèle à (g) passant par A.

a) Que peux-tu dire des côtés opposés de la figure obtenue ?

....

b) Comment s'appelle cette figure ? ....

3 Identifier et tracer des axes de symétrie (1)

1 **Repasse** en rouge les droites qui sont les axes de symétrie de ces figures.

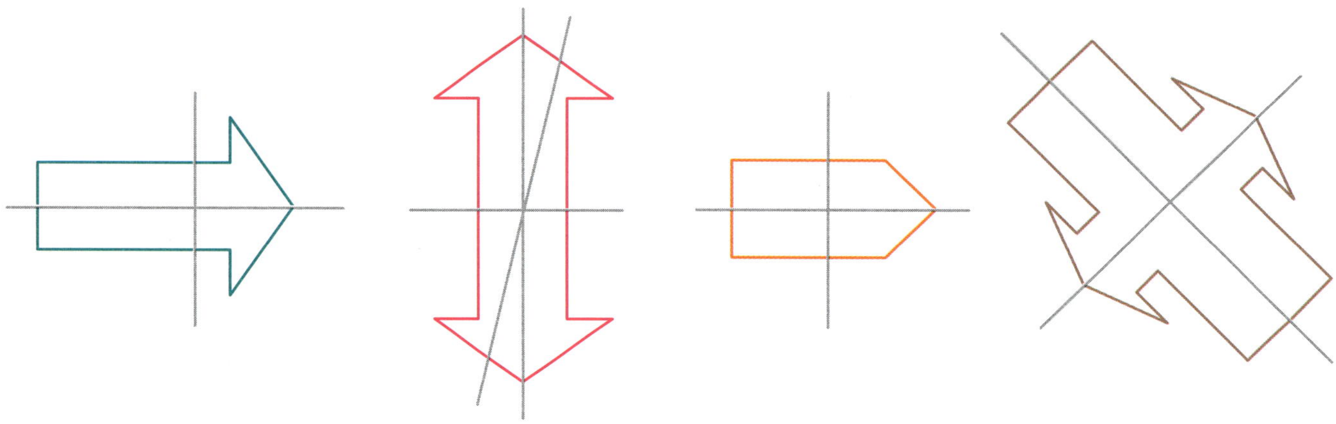

2 **Repère** les figures qui ont un ou plusieurs axes de symétrie.

a) **Trace** leur(s) axe(s) de symétries.

b) **Écris** les lettres des figures symétriques. Remets-les dans l'ordre pour trouver le nom de l'une d'entre elles.

....

....

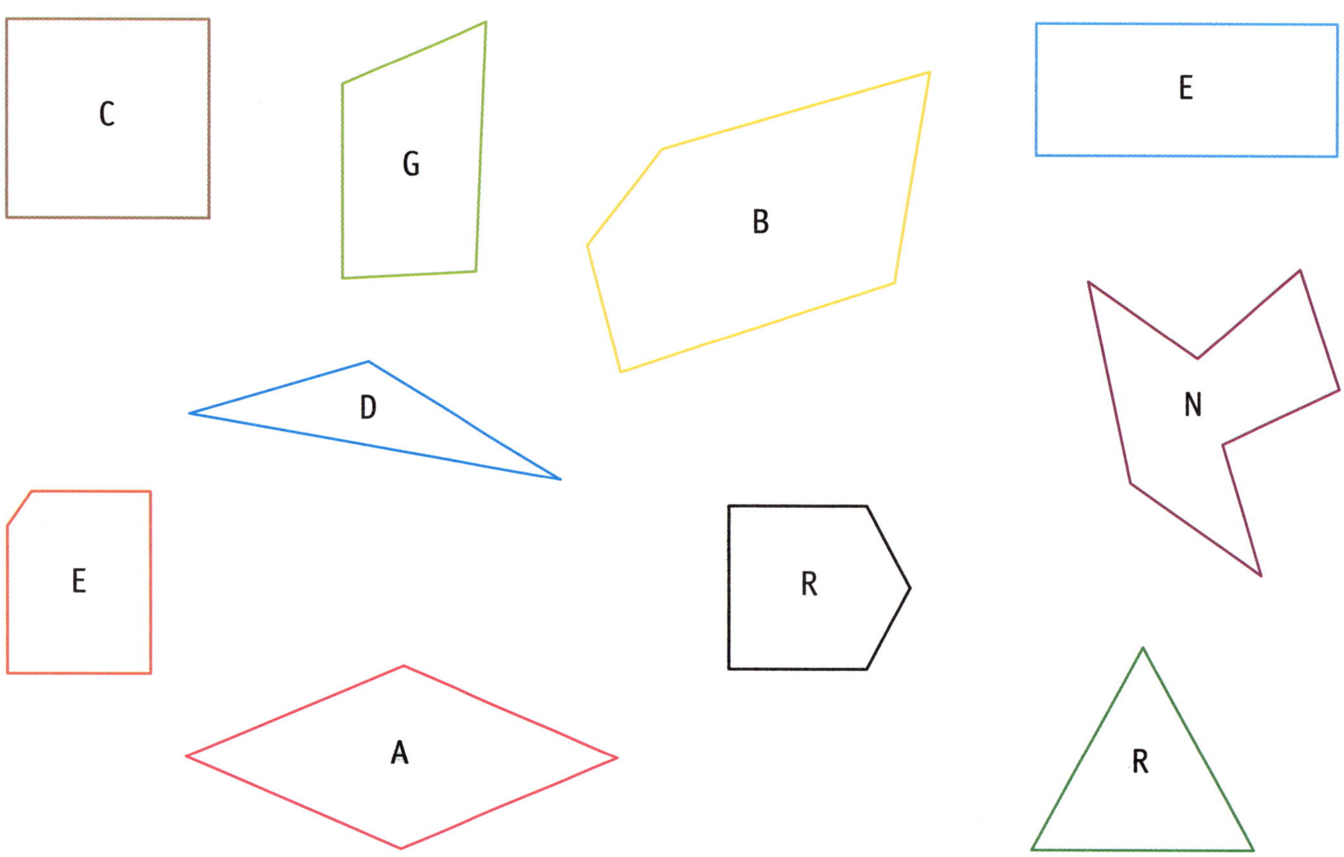

3 Trace le ou les axes de symétrie quand c'est possible.

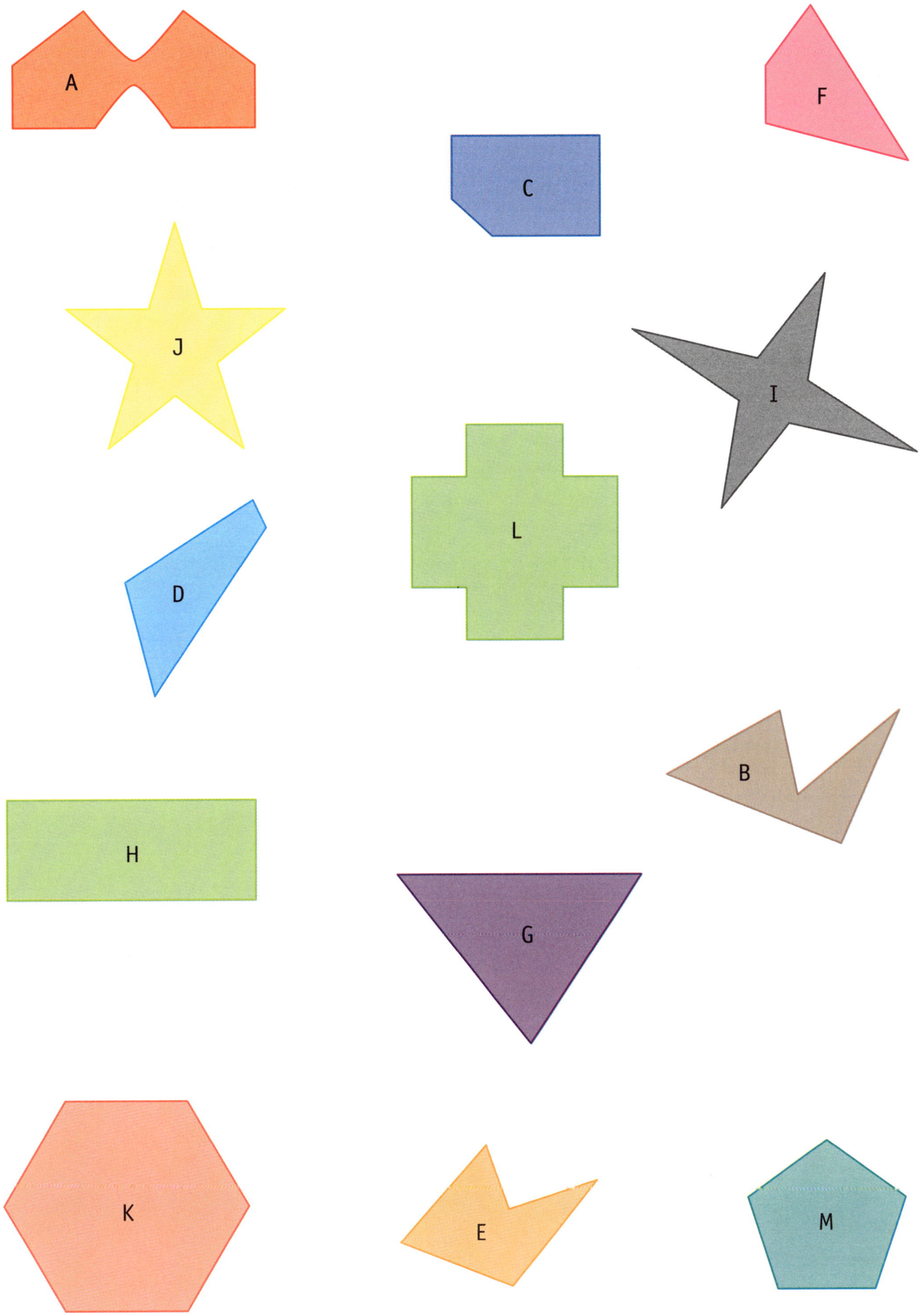

4 Identifier et tracer des axes de symétrie (2)

1 **Entoure** les couples de cartes qui sont symétriques.

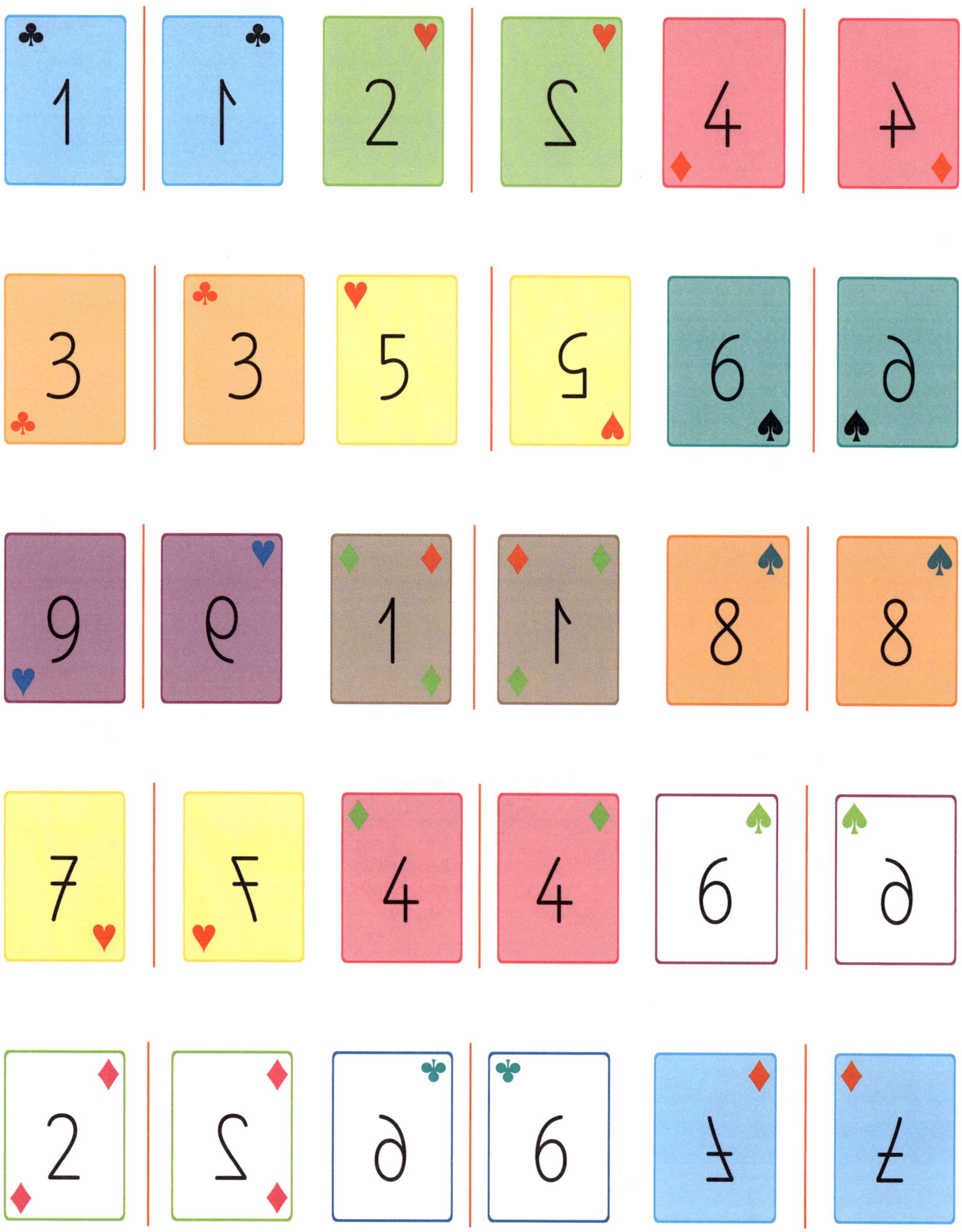

2 **Observe ces figures.**

a) **Entoure** les couples de figures qui sont symétriques par rapport à l'axe rouge.

b) **Colorie** symétriquement chaque couple de figures que tu as entouré.

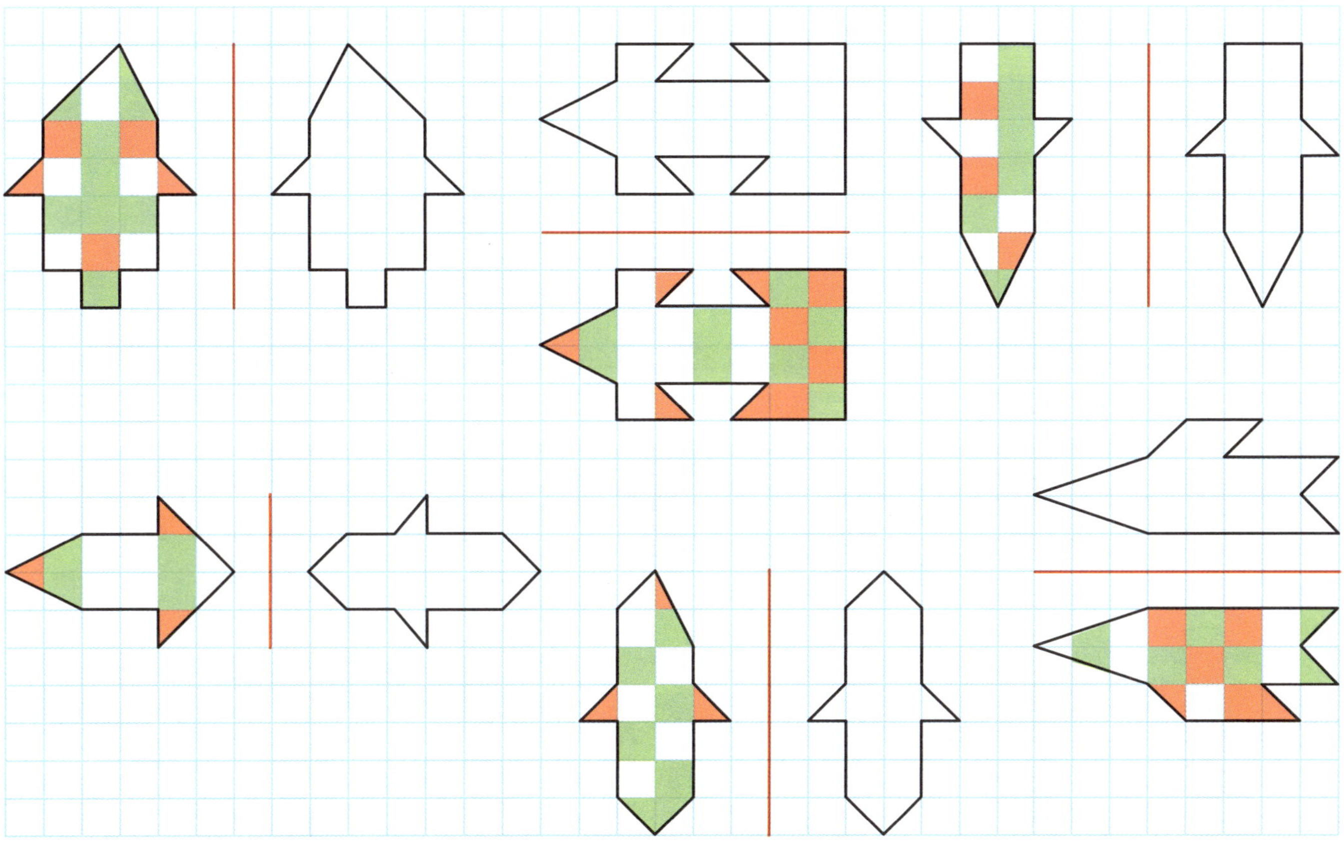

3 **Trace l'axe de symétrie entre ces figures quand c'est possible.**

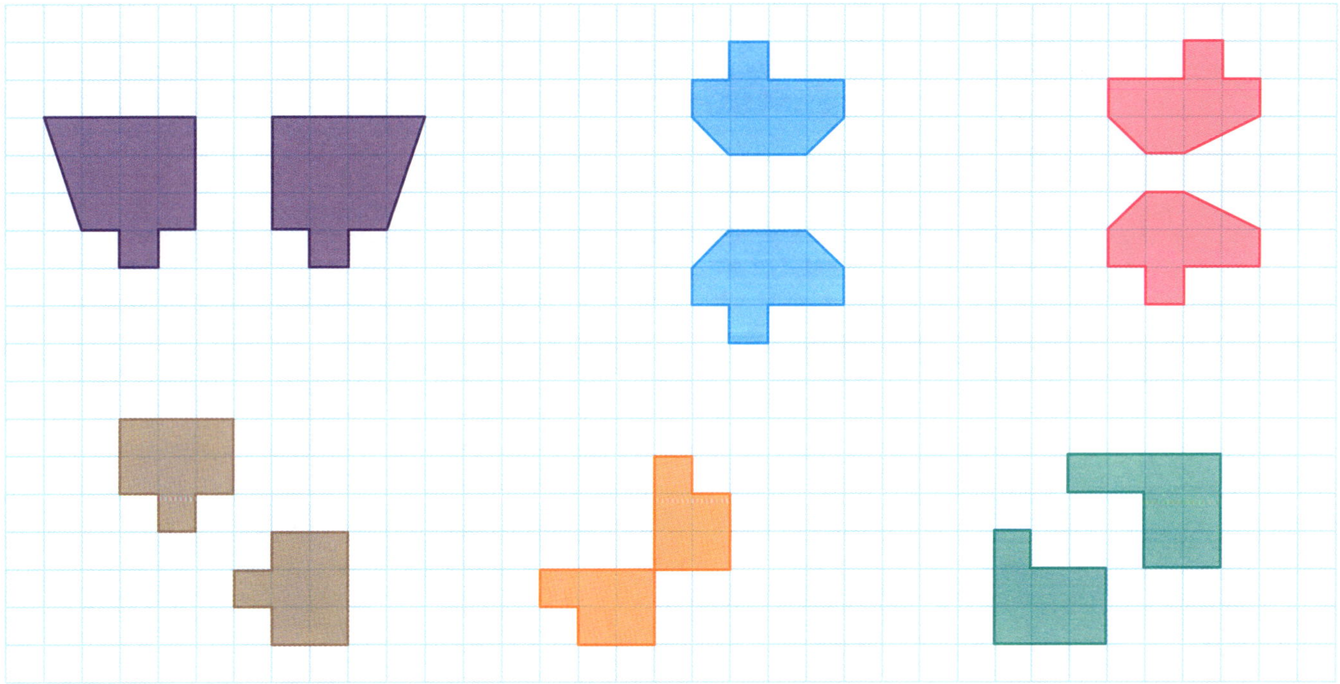

5 Tracer et compléter une figure par symétrie (1)

1 Trace le symétrique de cette figure par rapport à l'axe rouge.

2 Complète cette figure par rapport à son axe de symétrie.

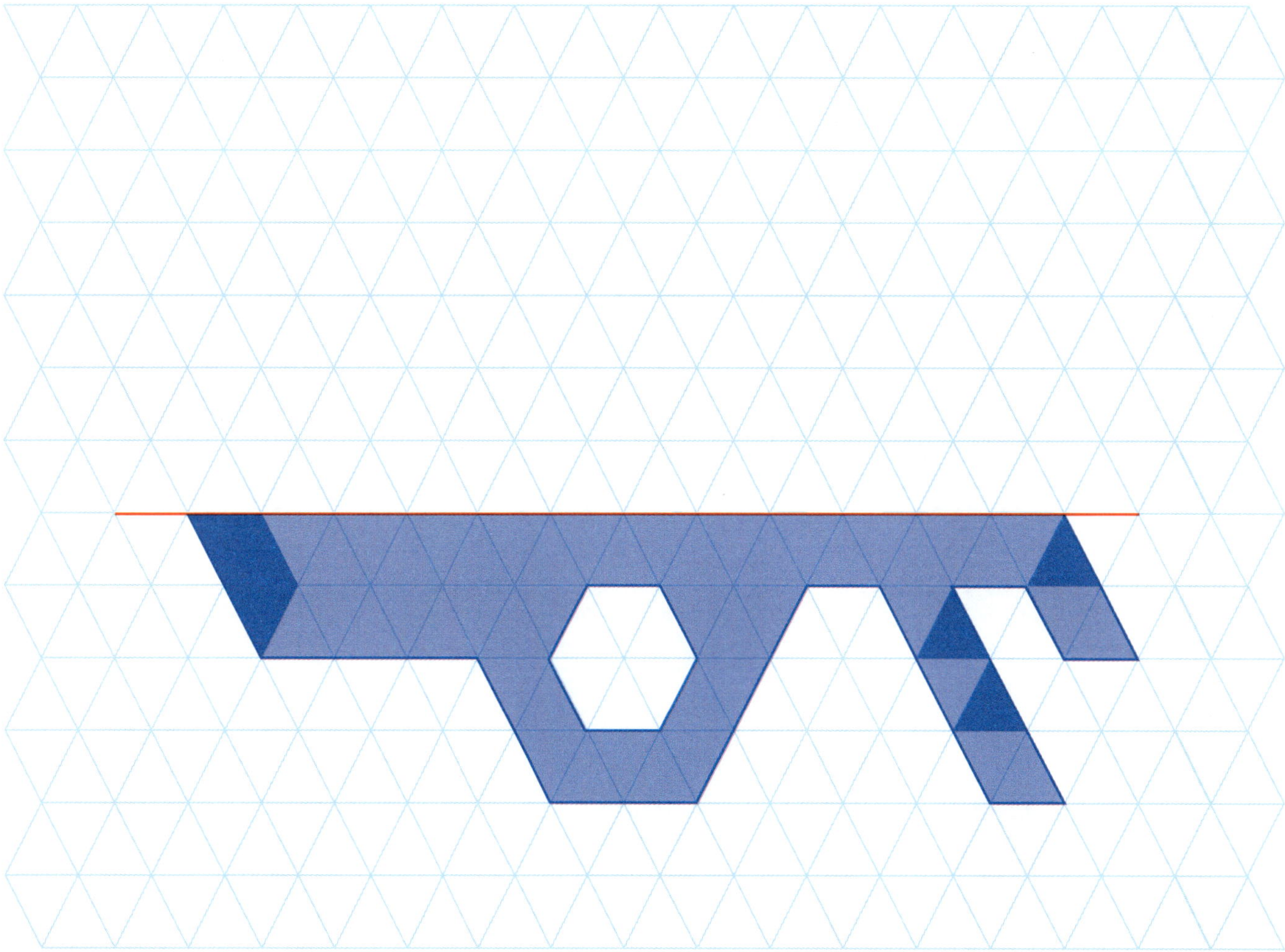

3 Trace et colorie le symétrique de la figure.

4 Termine cette frise de manière symétrique par rapport aux axes rouges.

6 Tracer et compléter une figure par symétrie (2)

1 Reproduis cette figure en l'agrandissant, puis complète-la par rapport à son axe de symétrie.

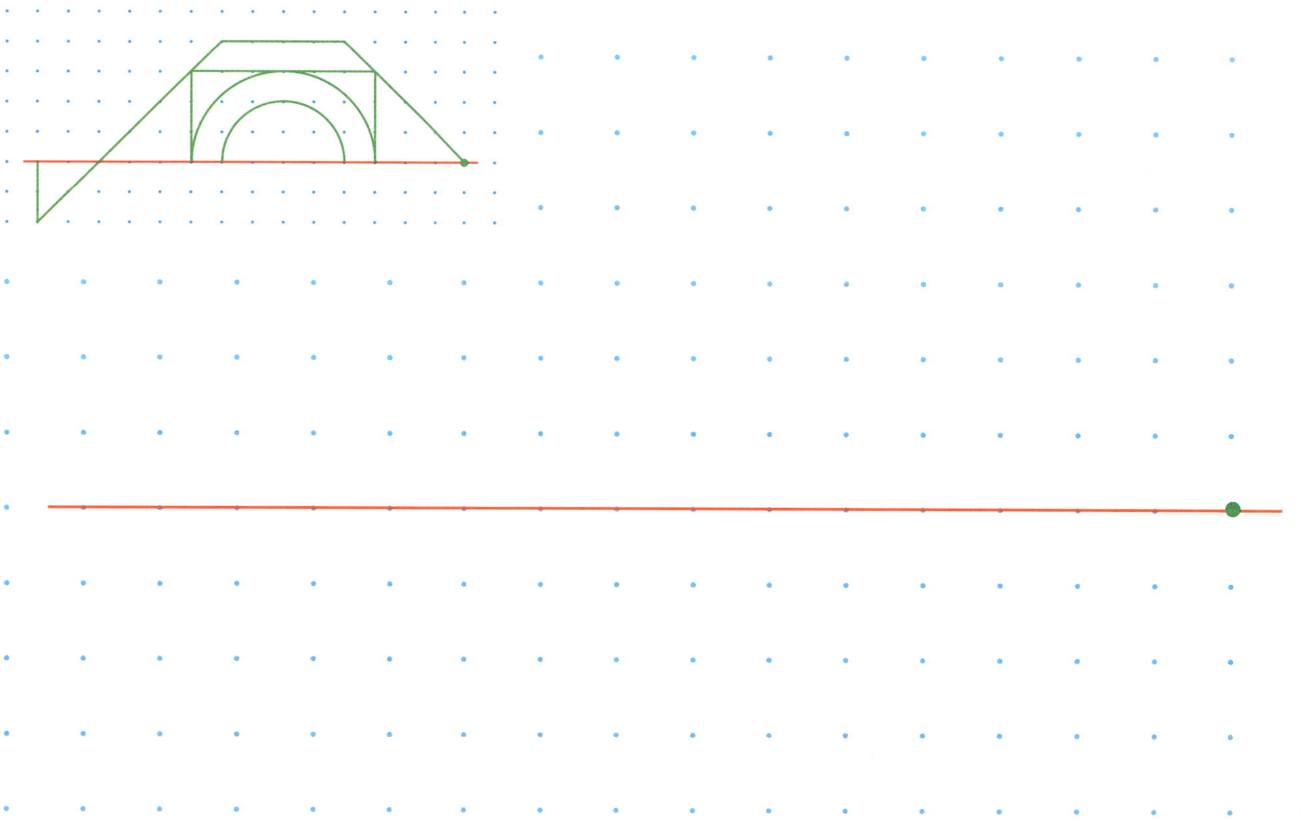

2 Trace le symétrique de cette figure.

3 Complète cette figure par symétrie.

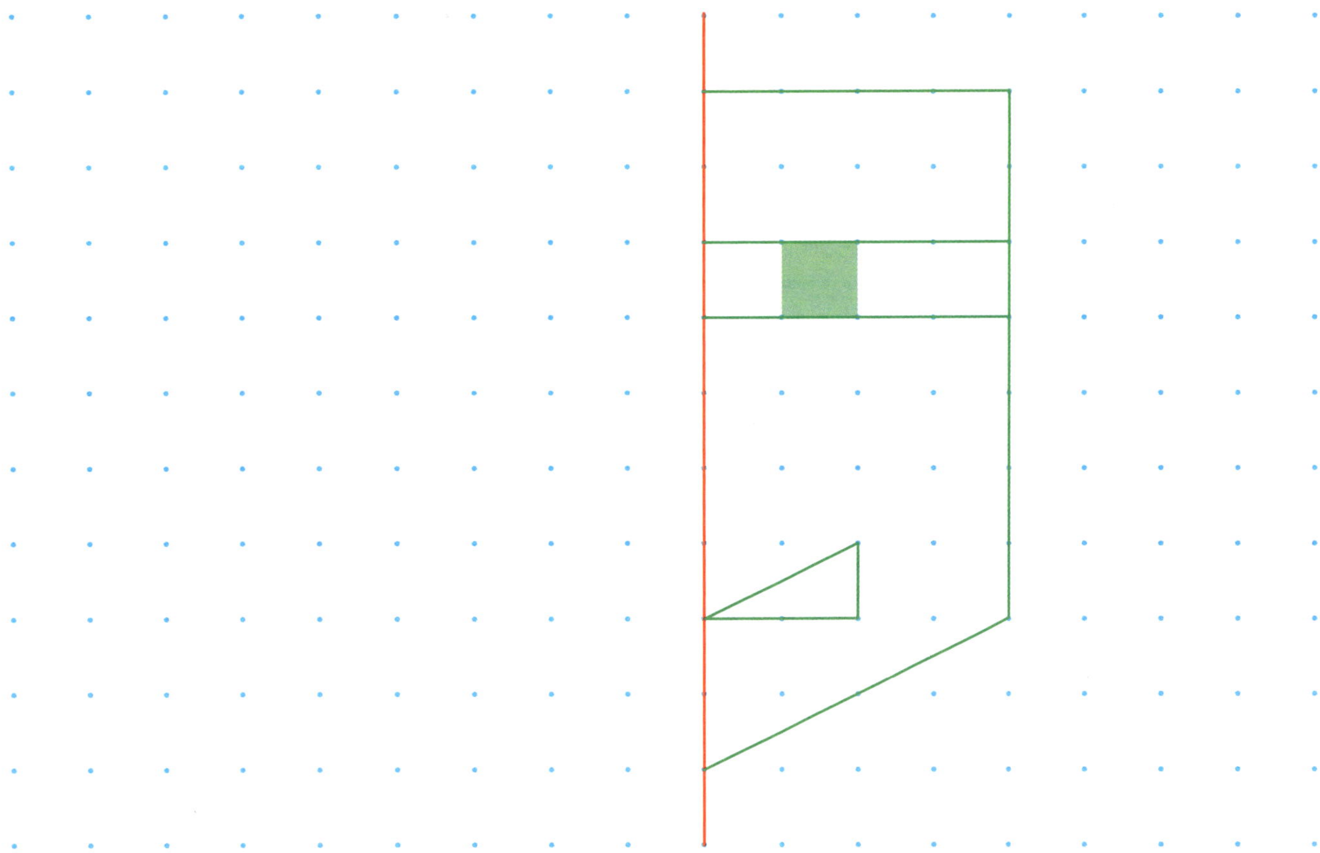

4 Complète cette figure par symétrie.

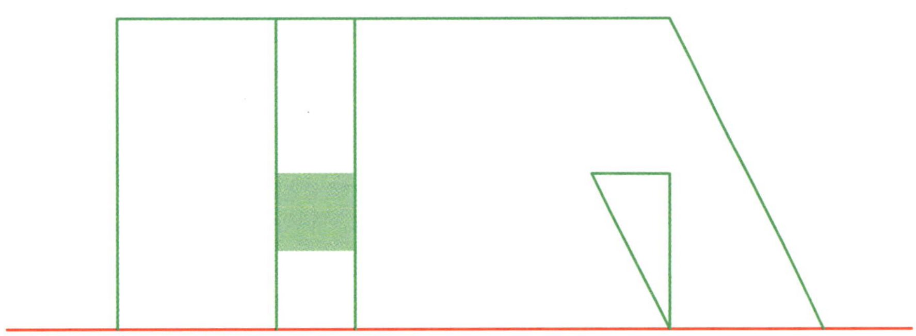

7 Décrire et reproduire des figures (1)

1 Associe ces figures à leur description.

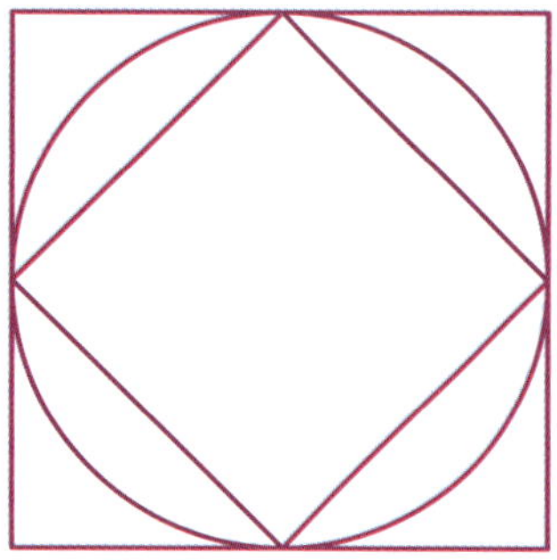

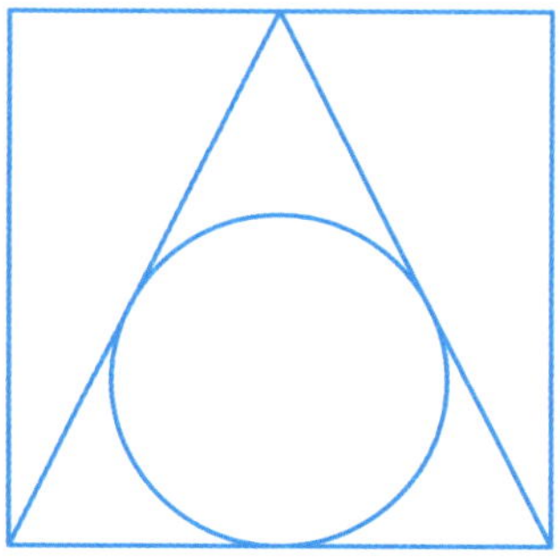

....

- A : La figure est composée de deux carrés et d'un cercle à l'intérieur du plus petit des carrés.
- B : La figure est composée d'un cercle, d'un triangle et d'un carré. L'un des sommets du triangle est le milieu d'un des côtés du carré.
- C : La figure est composée de deux carrés et d'un cercle. Le cercle passe par les sommets de l'un des carrés.

2 Colorie la figure qui correspond à la description.

- La figure est composée d'un carré et d'un cercle. L'un des côtés du carré est le diamètre du cercle.

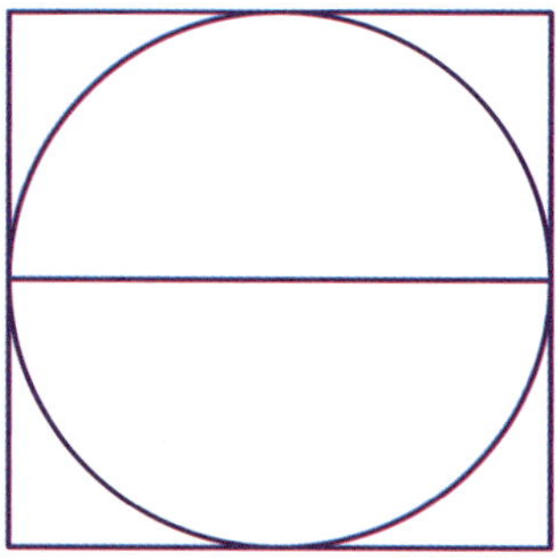

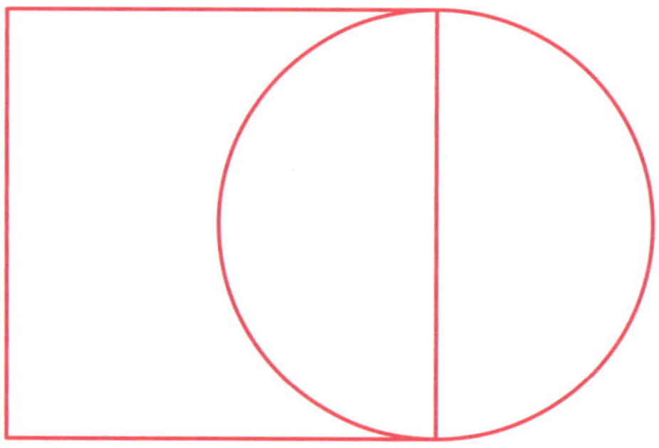

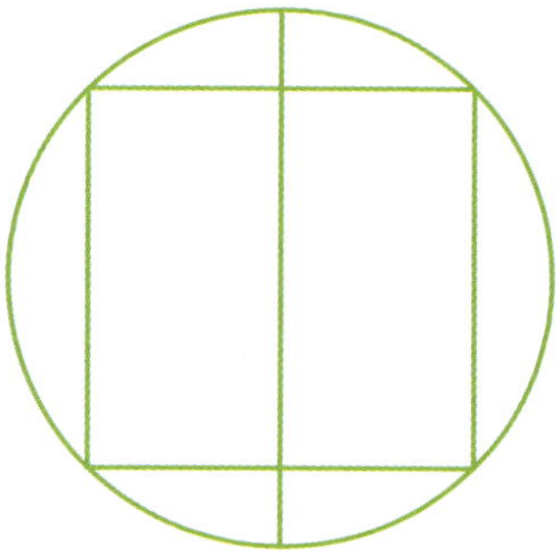

- La figure est composée d'un triangle et d'un cercle. Deux des côtés du triangle sont aussi des rayons du cercle.

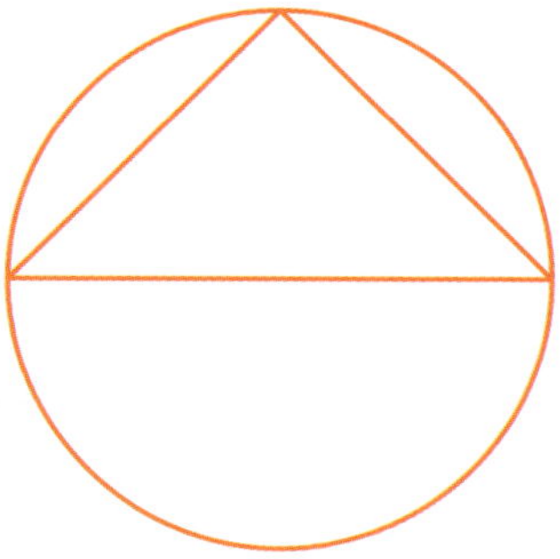

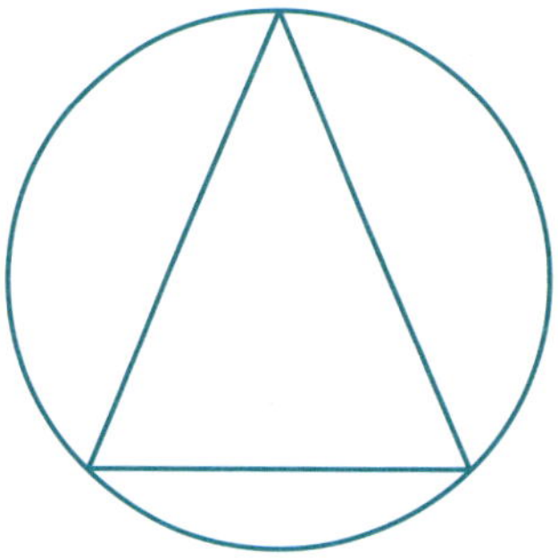

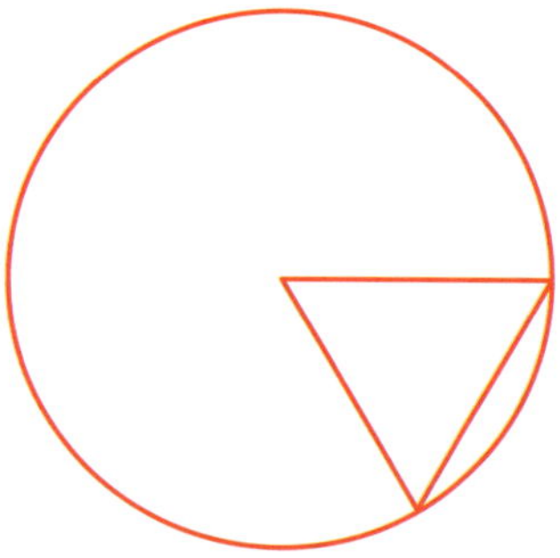

3 Lis **cette description.**

La figure est formée d'un carré de 6 cm de côté et d'un demi-cercle. Le diamètre du demi-cercle est le segment dont les extrémités sont les milieux de deux côtés opposés du carré.

a) Entoure la figure dessinée à main levée qui correspond à cette description.

A

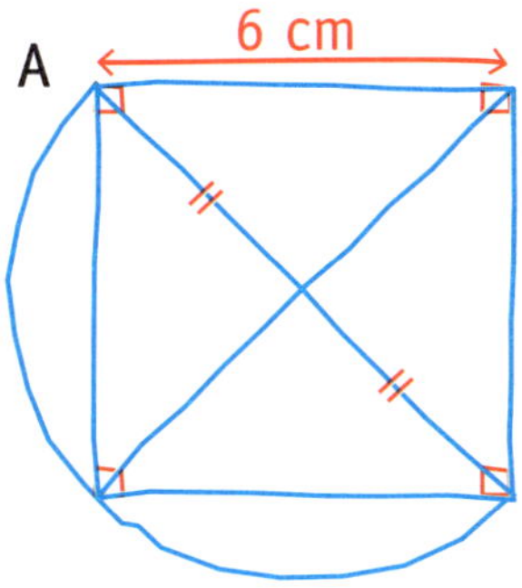

B

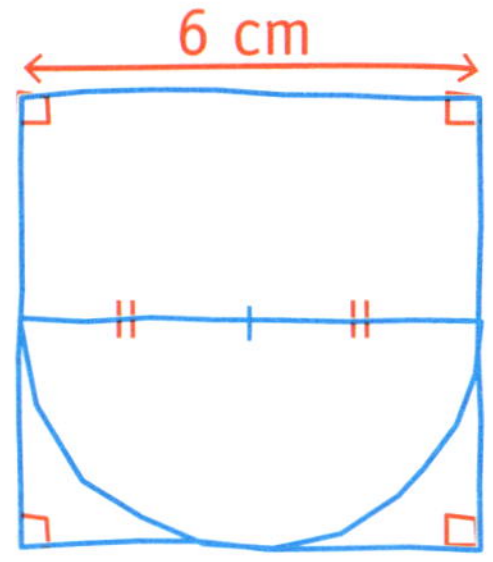

C

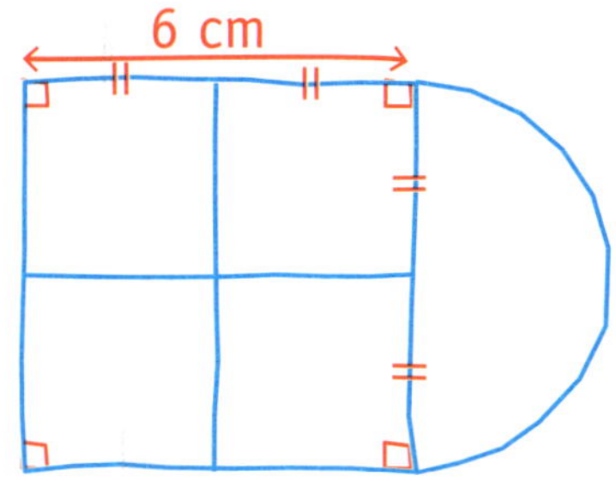

b) Trace, avec tes instruments, la figure que tu as entourée.

c) Choisis l'une des deux autres figures et écris sa description.

Figure : .... : ....

....

....

....

....

....

....

....

....

8 Décrire et reproduire des figures (2)

1 Reproduis cette figure en respectant ses dimensions.

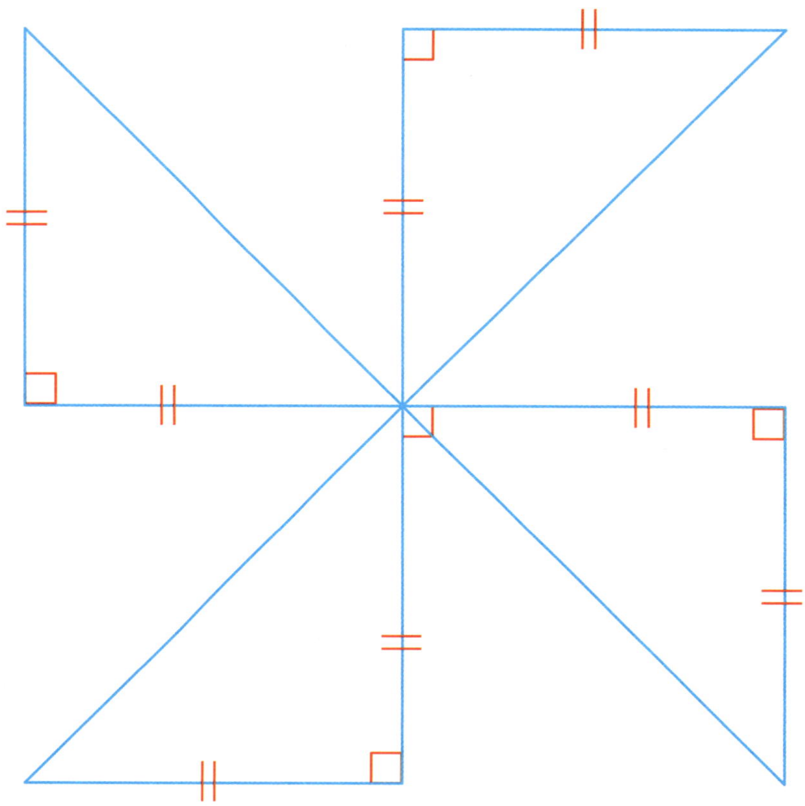

2 **Construis ces figures d'après leur description, colorie-les ensuite avec quatre couleurs.**

a) La figure est composée d'un carré de 6 cm de côté et d'un cercle à l'intérieur de ce carré. Les segments qui relient les milieux des côtés opposés du carré se coupent en O et sont des diamètres du cercle de centre O.

b) La figure est composée d'un losange et de deux carrés et possède un axe de symétrie. Les diagonales du losange sont deux segments perpendiculaires de 5 cm et de 8 cm. Les deux carrés ont chacun un côté commun avec le losange et l'axe de symétrie de la figure est le segment de 8 cm.

9 Identifier et construire des polygones

1 **Observe** ces figures et réponds aux questions.

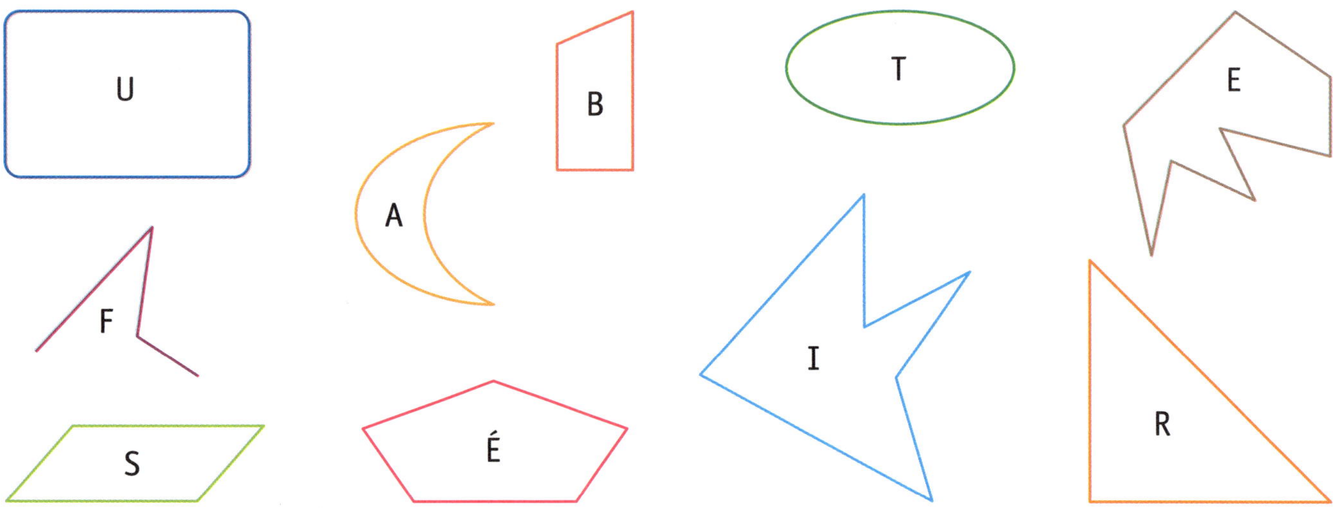

a) **Trouve** les polygones et remets leur lettre dans l'ordre pour compléter la définition.

Un polygone est formé d'une ligne fermée et ....

b) **Nomme** les sommets du polygone I. Combien y en a-t-il ? ....

c) **Trace** les diagonales du polygone É. Combien y en a-t-il ? ....

d) **Repasse** les côtés des figures S et B. Cite un point commun et une différence entre ces deux figures. Écris leur nom.

....

....

e) **Complète** le tableau.

Lettre du polygone	Nombre de sommets	Nombre de côtés	Nom du polygone
....	....	....	....
....	....	....	....
....	....	....	....
....	....	....	....
....	....	....	....
....	....	....	....

2 Trace :

a) un pentagone avec un angle droit.

b) un quadrilatère avec deux côtés égaux et un côté de 3 cm.

3 **Observe la construction de ces polygones et trace :**

a) un hexagone de 3 cm de côté.

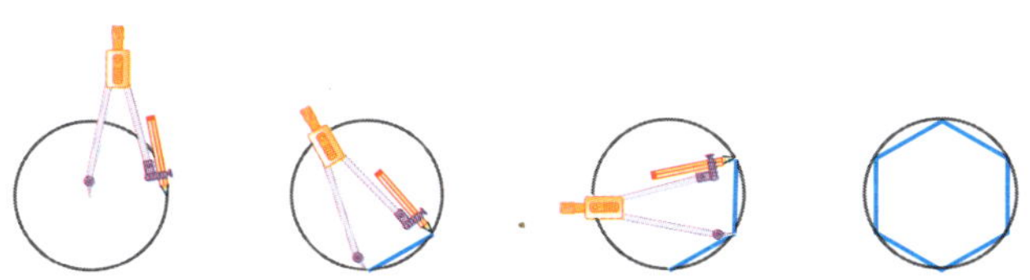

b) un octogone à l'intérieur du carré.

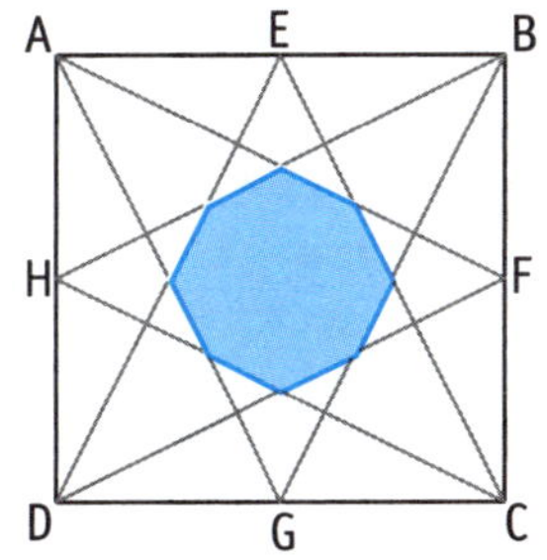

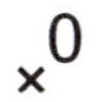

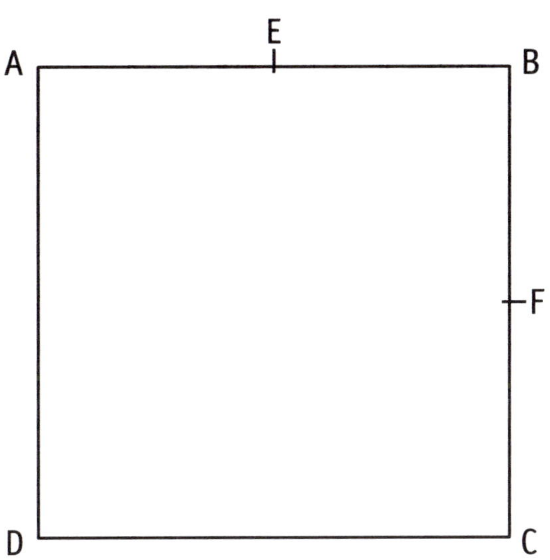

10 Identifier et construire des quadrilatères

1 **Observe** ces figures.

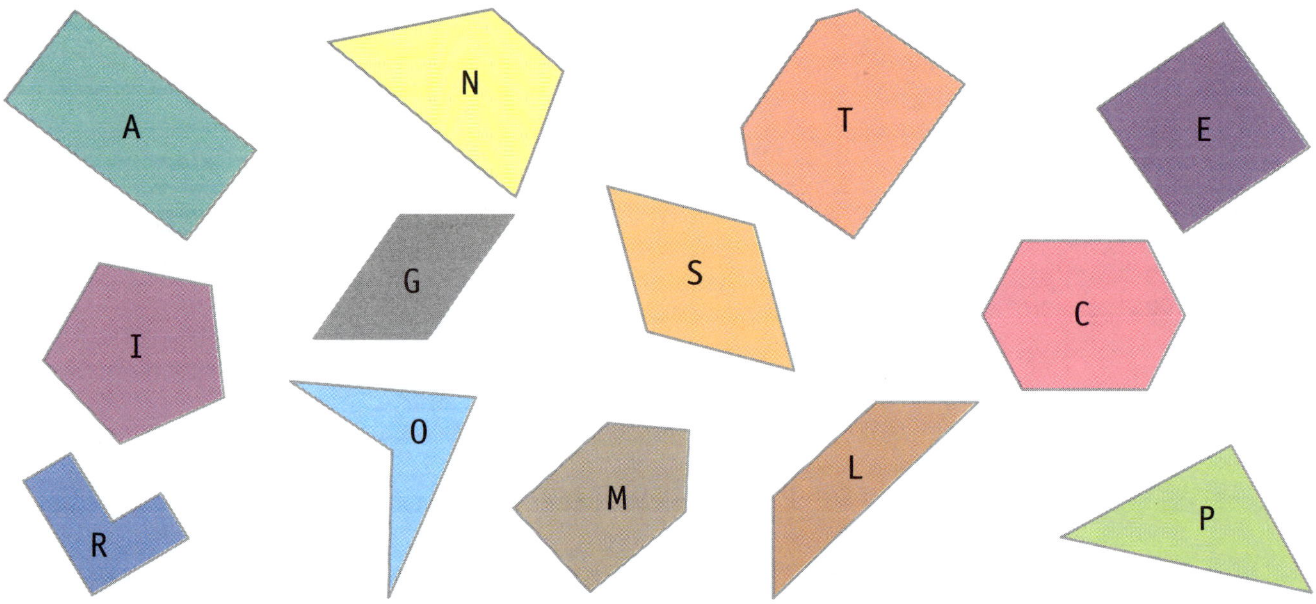

a) **Trouve** les sept quadrilatères et remets leur lettre dans l'ordre pour obtenir le nom d'un quadrilatère particulier.

....

b) **Trace** les diagonales de tous les quadrilatères. Que remarques-tu pour O ?

....

c) **Indique** les angles droits des quadrilatères.

d) **Repasse** d'une même couleur les côtés égaux de chaque quadrilatère.

e) **Indique** les angles droits des diagonales perpendiculaires.

f) **Complète** le tableau avec les quadrilatères particuliers.

Lettre du quadrilatère	Côtés égaux 2 à 2	Côtés parallèles 2 à 2	Angles droits	Diagonales de même longueur	Diagonales perpen-diculaires	Nom du quadrilatère
A	....	....	....	....	....	....
E	....	....	....	....	....	....
G	....	....	....	....	....	....
S	....	....	....	....	....	....

2 Termine la frise en respectant les couleurs.

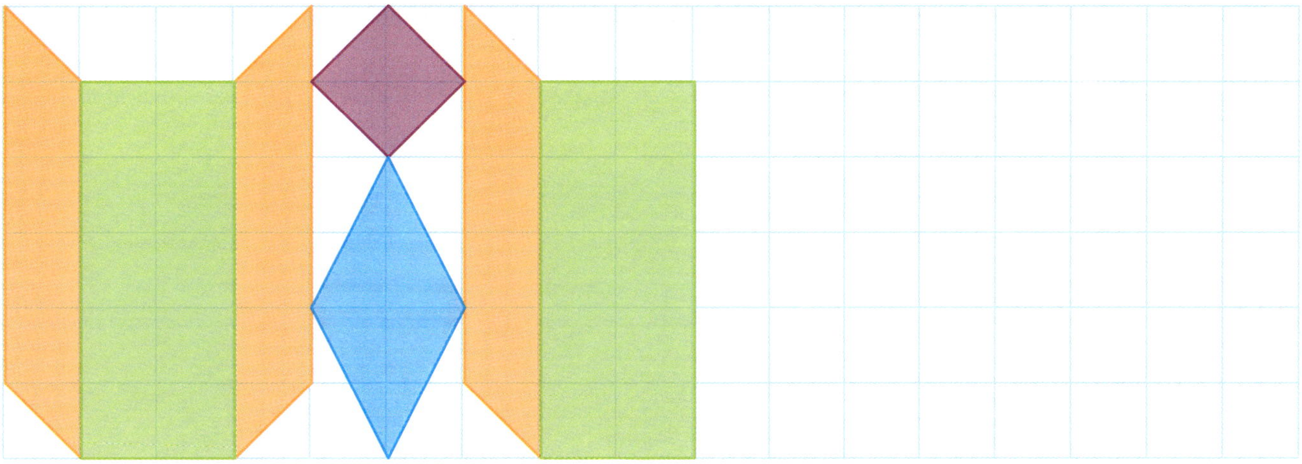

3 Termine, avec tes instruments, la construction des quadrilatères suivants :

a) le carré FGHE.

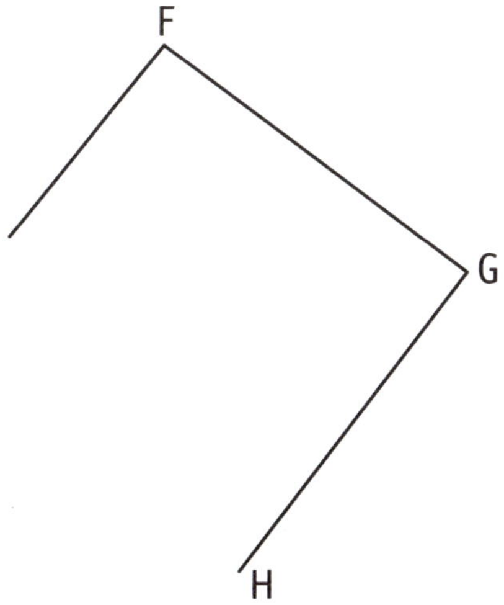

b) le rectangle ABCD.

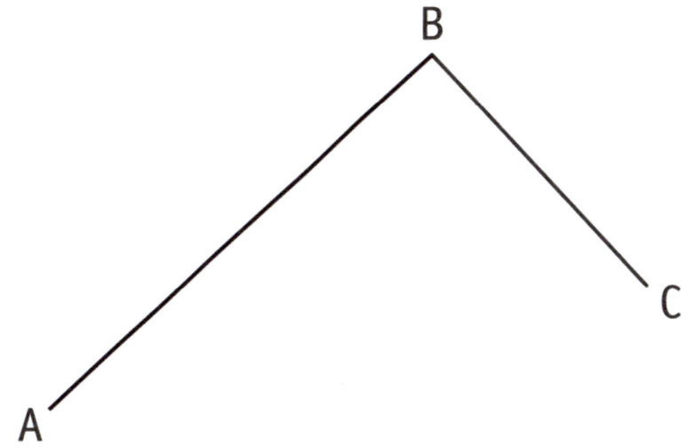

c) le losange MNOP.

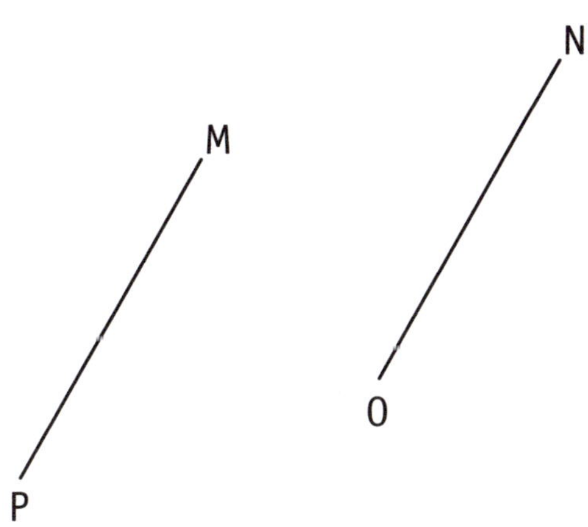

d) le losange RATE.

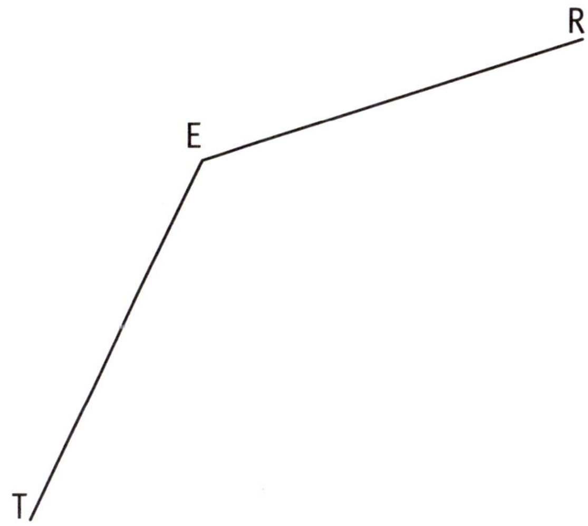

11 Identifier et construire des triangles

1 **Observe** cette figure.

a) **Relie** les points de même couleur.

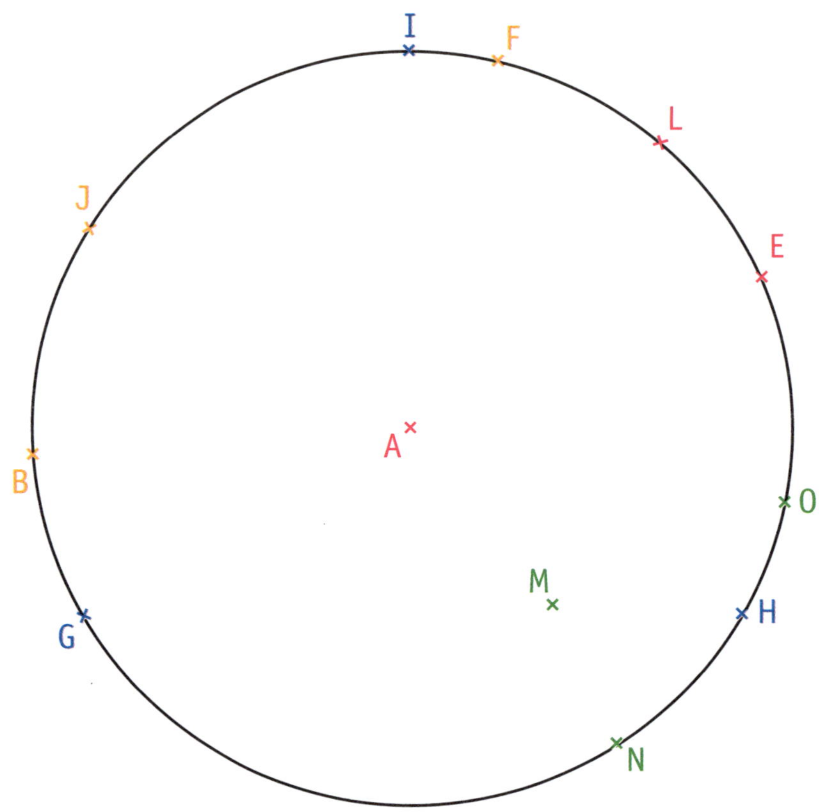

b) **Complète** le tableau.

Nom du triangle	Mesure 1er côté	Mesure 2e côté	Mesure 3e côté	Angle droit		Nature du triangle
....	.... cm et .... mm	.... cm et .... mm	.... cm et .... mm	oui	non	....
....	.... cm et .... mm	.... cm et .... mm	.... cm et .... mm	oui	non	....
....	.... cm et .... mm	.... cm et .... mm	.... cm et .... mm	oui	non	....
....	.... cm et .... mm	.... cm et .... mm	.... cm et .... mm	oui	non	....

2 Termine la frise. De quelles couleurs sont les trois triangles rectangles ?

....

3 Trace :

- un triangle rectangle dont le segment rouge est un côté ;
- un triangle isocèle dont le segment vert est un côté ;
- un triangle isocèle rectangle dont le segment bleu est un côté.

12 Construire des cercles (1)

1 a) **Trace** les cercles concentriques 𝒞2 passant par J, 𝒞3 passant par F et 𝒞5 passant par D.

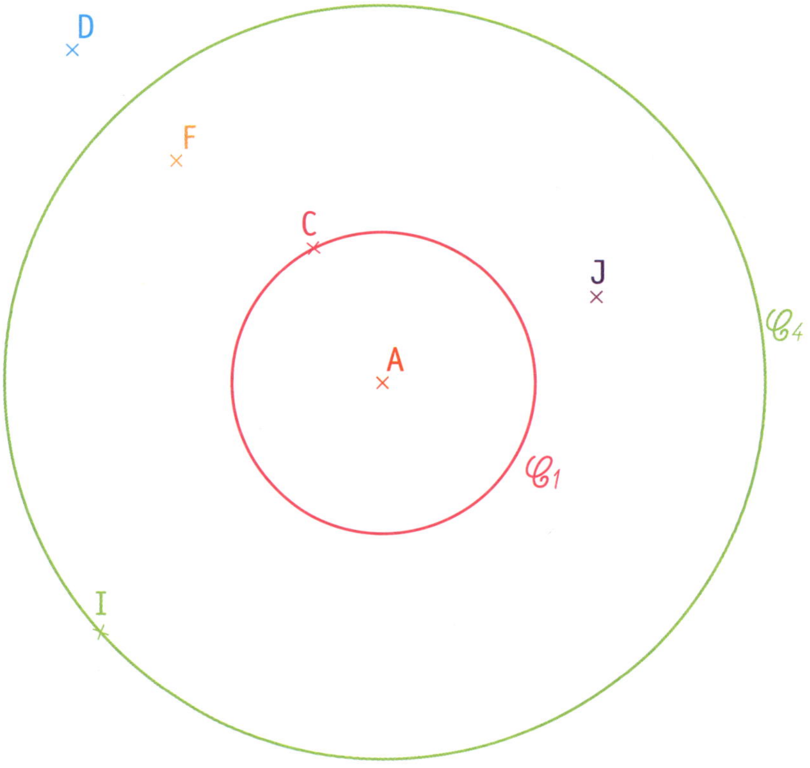

b) **Trace** un rayon du cercle 𝒞2.

c) **Trace** un diamètre du cercle 𝒞1.

d) Quelle est la mesure du diamètre du cercle 𝒞5 ? ....

e) Quelle est la mesure de son rayon ? ....

2 **Termine la frise.**

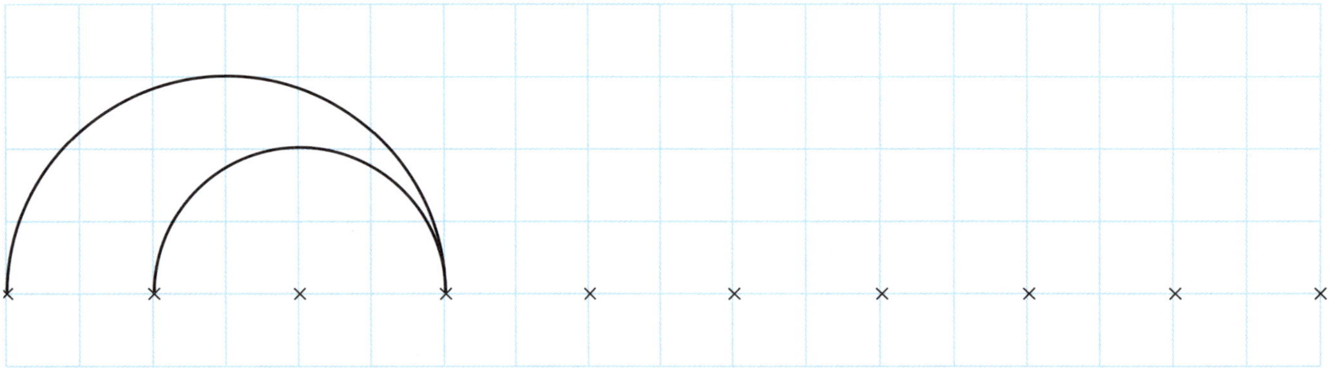

3 **Observe** la figure puis reproduis-la en couleurs. Le cercle jaune a un diamètre de 14 cm.

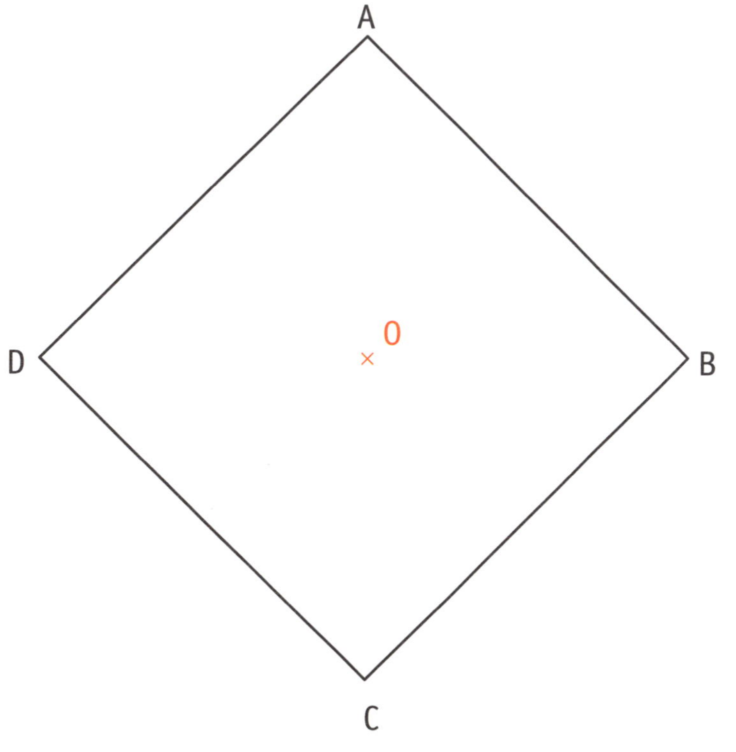

13 Construire des cercles (2)

1 Trace **les quatre cercles suivants.**

- Le segment bleu est le rayon du cercle $\mathscr{C}1$ de centre A.
- Le segment orange est le diamètre du cercle $\mathscr{C}2$ passant par A.
- Le segment vert est le rayon du cercle $\mathscr{C}3$ de centre A.
- Le segment rouge est le diamètre du cercle $\mathscr{C}4$ passant par A.

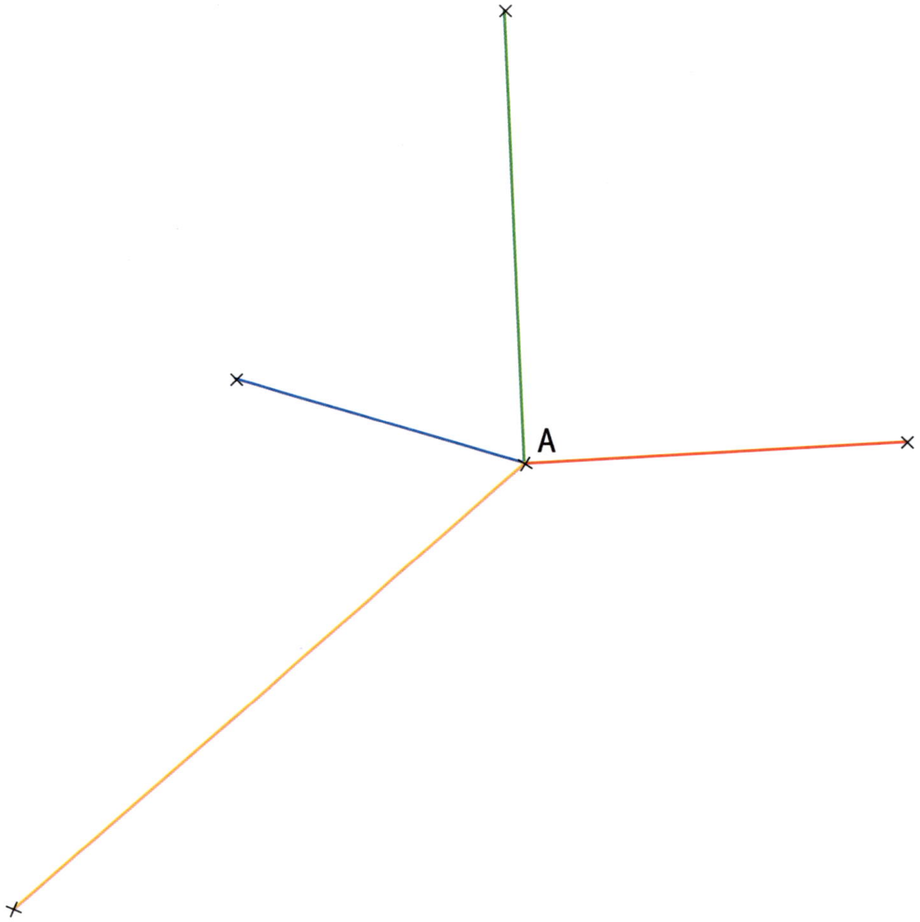

2 Construis **la figure en traçant :**

- un cercle de centre D passant par B ;
- un cercle de centre B de 5 cm de rayon ;
- un cercle de centre D de 8 cm de diamètre ;
- un cercle de centre B de 4 cm de rayon ;
- un cercle de centre A de 8 cm de diamètre ;
- un cercle de centre C de 4 cm de rayon ;
- un cercle de centre A de 5 cm de rayon ;
- un cercle de centre C de 10 cm de diamètre.

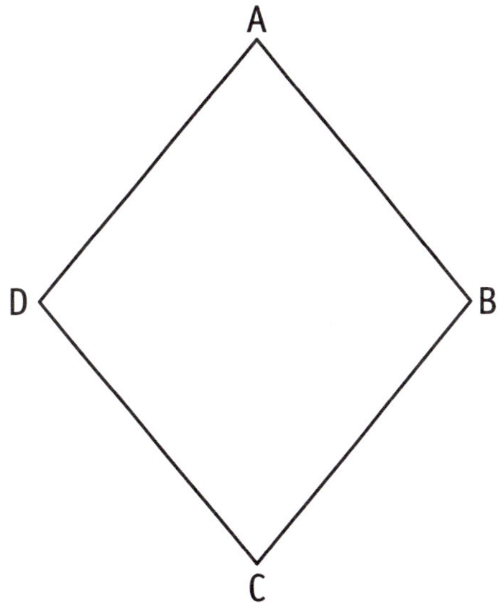

14 Construire des cercles (3)

1 Reproduis la figure.

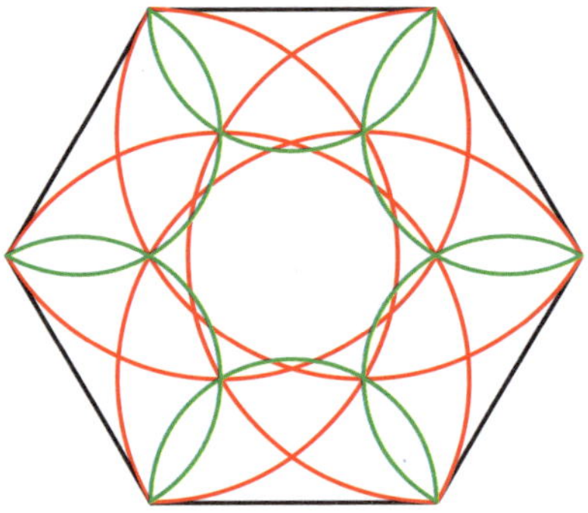

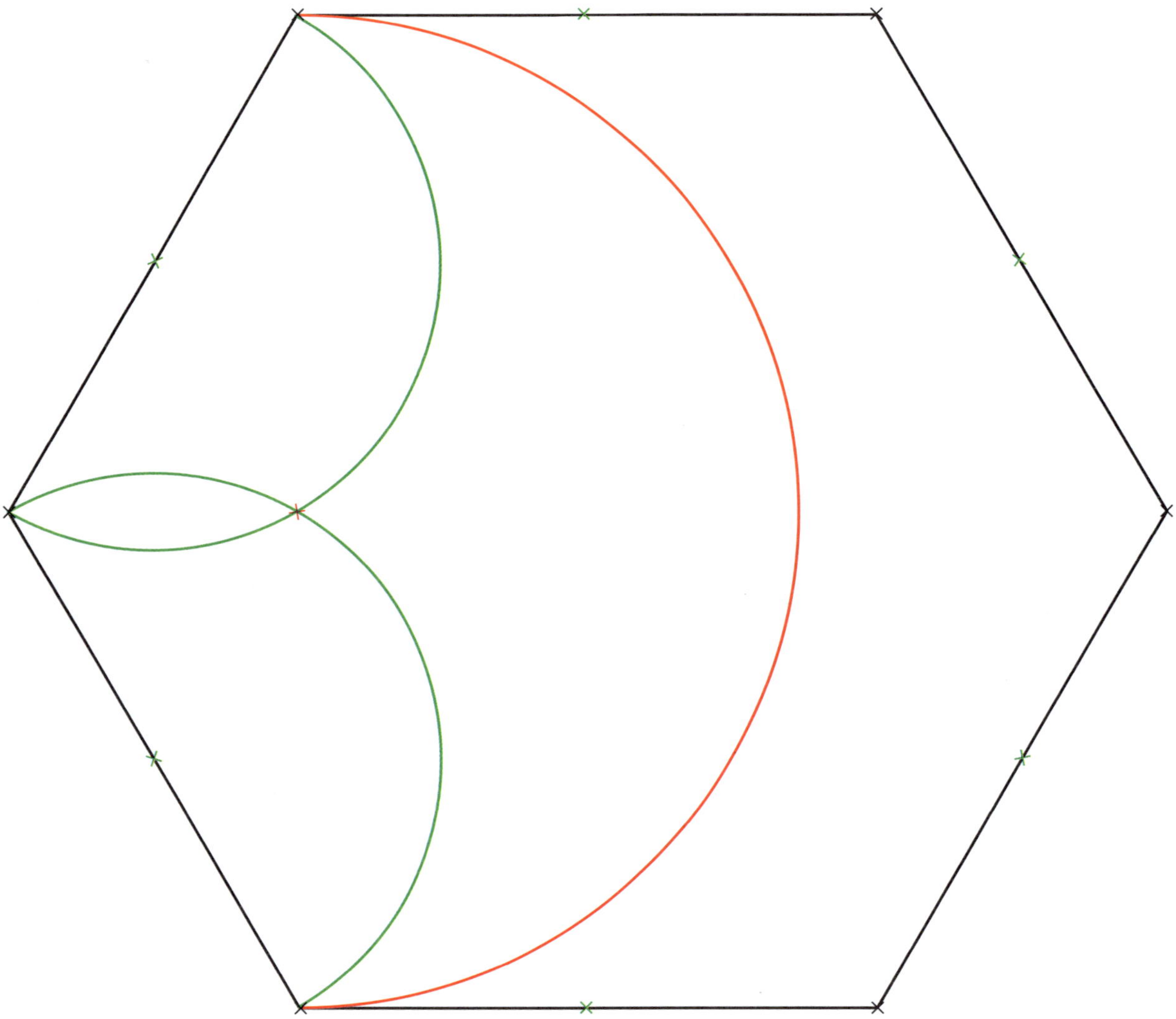

2 **Construis la figure en traçant :**

- un cercle $\mathscr{C}1$ de centre A passant par E ;
- un cercle $\mathscr{C}2$ de centre B et de 7 cm de diamètre ;
- un cercle $\mathscr{C}3$ de centre C dont l'extrémité du rayon est un point du cercle $\mathscr{C}1$;
- un cercle $\mathscr{C}4$ de centre E et de 4 cm de rayon.

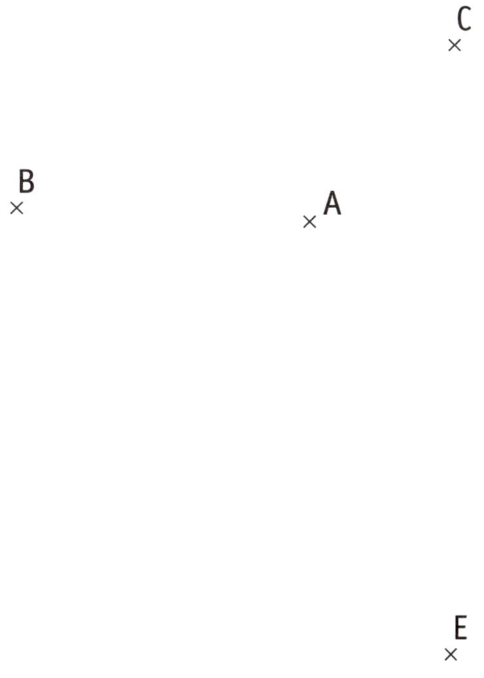

15 Tracer une figure selon un programme de construction (1)

1 **Recopie les deux programmes de construction qui ont été mélangés. Heureusement, ils sont écrits de couleur différente et les consignes sont dans l'ordre.**

- Trace un rectangle ABCD tel que AB = 6 cm et BC = 3 cm.
- Place le point E, milieu de [AB].
- Trace un cercle de centre G et de 3 cm de rayon.
- Trace le segment [AC].
- Trace un diamètre [HI] de ce cercle.
- Trace le cercle de centre E passant par B.
- Place le point J, milieu de [HG] et le point K, milieu de [GI].
- Nomme F le point d'intersection entre le cercle et le segment [AC].
- Trace une droite passant par J, perpendiculaire à (HI).
- Trace une droite passant par K, perpendiculaire à (HI).
- Trace le cercle de centre F passant par E.
- Nomme L, M, N et O les points d'intersection entre le cercle et ces deux droites.
- Trace le polygone LMNO.

Programme 1
☐ ....
☐ ....
☐ ....
☐ ....
☐ ....
☐ ....

Programme 2
☐ ....
☐ ....
☐ ....
☐ ....
☐ ....
☐ ....
☐ ....

2 Construis la figure du programme 1 et coche les cases au fur et à mesure.

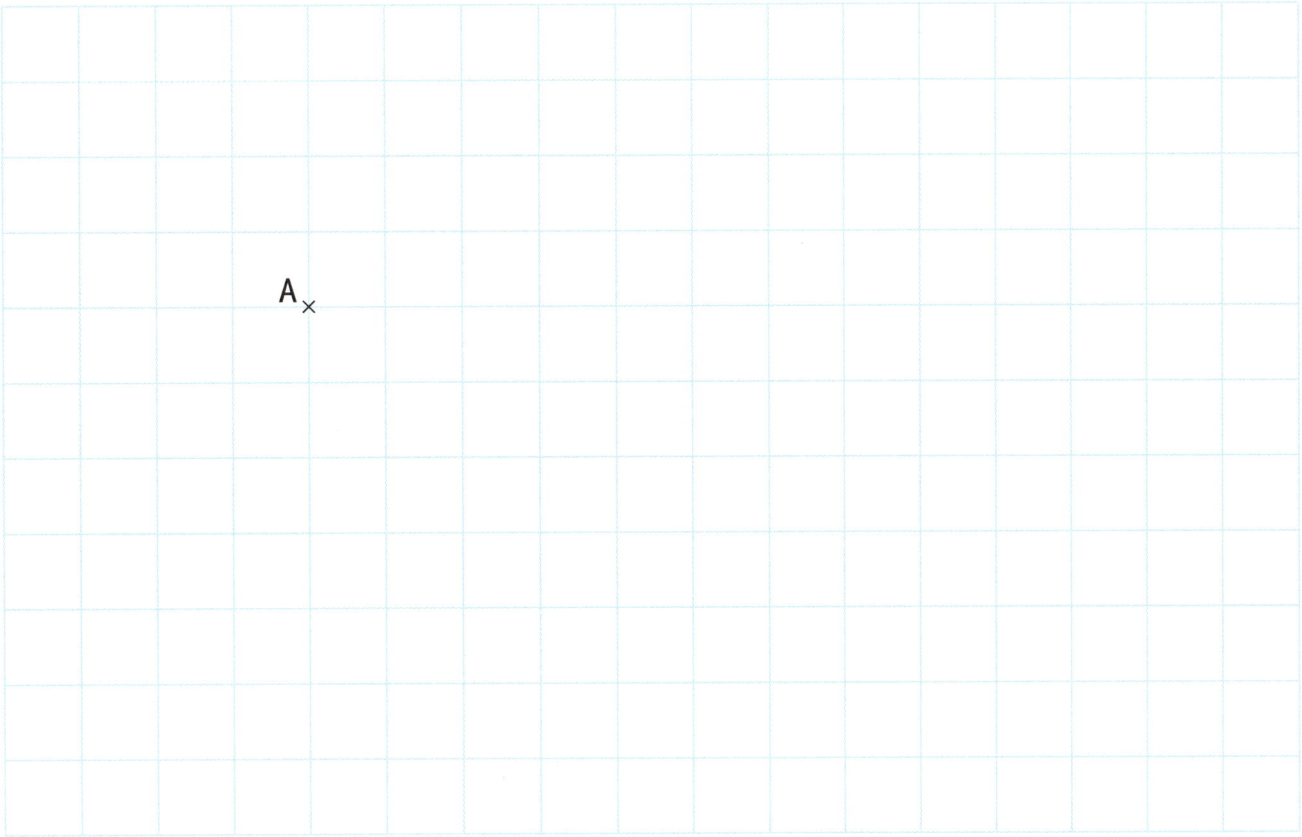

3 Construis la figure du programme 2 et coche les cases au fur et à mesure.

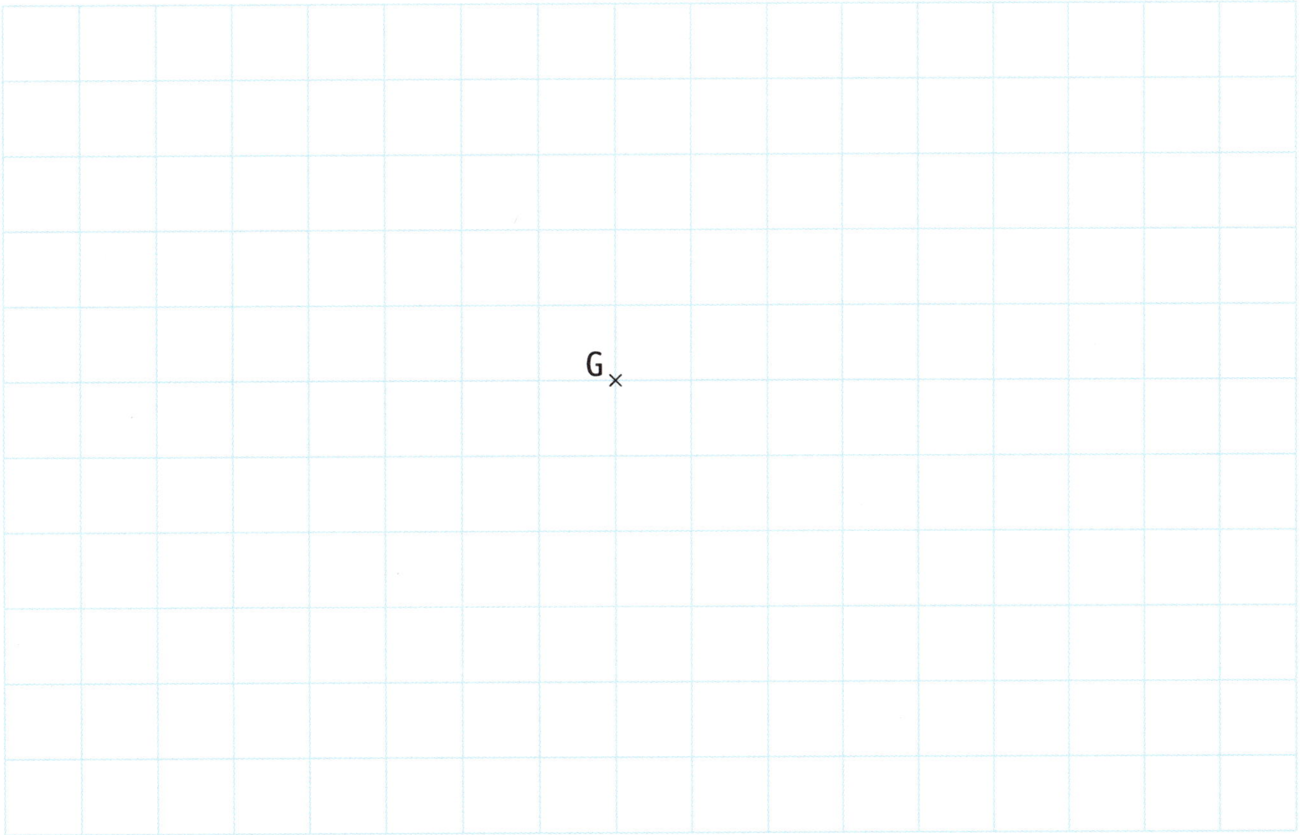

16 Tracer une figure selon un programme de construction (2)

1 **Suis le programme de construction et trace la figure. La première étape est déjà tracée.**

- [x] **Trace** un carré ABCD de 10 cm de côté.
- [ ] **Place** M, N, S et T les milieux de ses côtés.
- [ ] **Trace** les diagonales [AC] et [BD] du carré ABCD.
- [ ] **Nomme** O leur point d'intersection.
- [ ] **Trace** le cercle de centre O qui passe par M, N, S et T.
- [ ] **Trace** le carré MNST.
- [ ] **Place** I, J, K et L les milieux des côtés du carré MNST.
- [ ] **Trace** le demi-cercle de diamètre [MN] passant par O.
- [ ] **Trace** le demi-cercle de diamètre [NS] passant par O.
- [ ] **Trace** le demi-cercle de diamètre [ST] passant par O.
- [ ] **Trace** le demi-cercle de diamètre [TM] passant par O.

2 **Observe la figure, puis complète le programme de construction.**

- **Trace** un .... [AB] de 3 cm.
- **Place** le point C, ... de [AB].
- **Trace** le cercle de .... C passant par A.
- **Place** trois .... D, E et G sur le cercle.
- **Trace** le .... GCED.

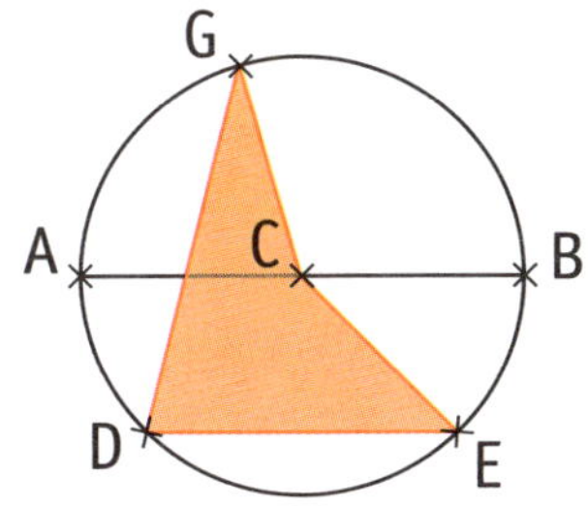

3 **Reproduis la figure aux dimensions indiquées puis écris son programme de construction. Utilise les mots suivants :** ***centre*, *diagonales*, *points*, *rectangle*, *cercle*, *tracer*, *nommer*.**

☐ ....

☐ ....

☐ ....

☐ ....

☐ ....

☐ ....

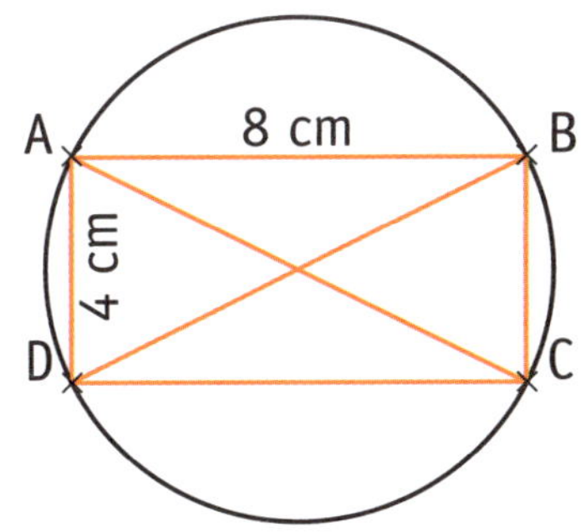

17 Identifier des solides

1 **Observe le cube.**

a) **Colorie** chaque étiquette de la couleur de l'élément qu'elle désigne.

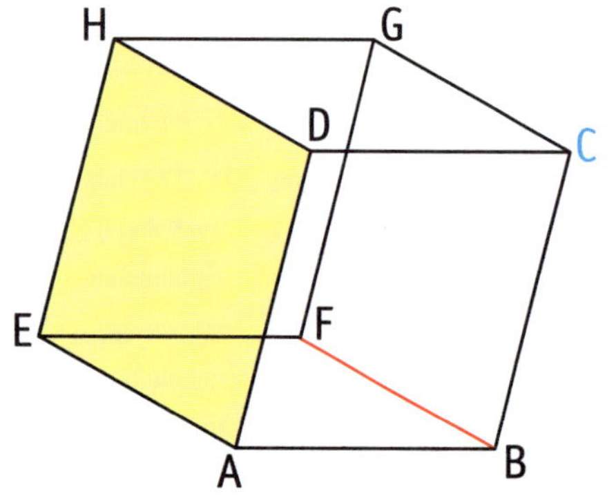

face

arête

sommet

b) **Réponds** aux questions suivantes.

- Combien de faces a le cube ? ....
- Quelle est la forme des faces du cube ? ....
- Combien d'arêtes a le cube ? ....
- Quelle face est opposée à la face EFBA ? ....
- Combien de sommets a le cube ? ....

2 **Observe le pavé.**

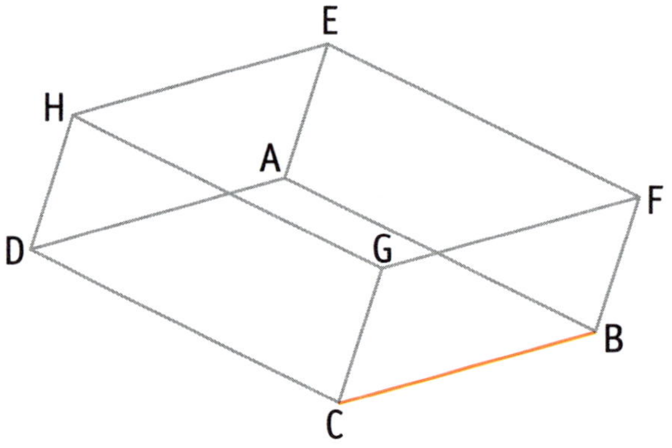

a) **Colorie** en rose la face HEAD.

b) **Colorie** en vert la face opposée à HGCD.

c) **Repasse** en rouge, sur le pavé, une arête qui touche l'arête orange.

- Laquelle as-tu repassée ? ....
- Quelle arête est commune aux faces EFBA et GFBC ? ....

3 **Observe les solides.**

a) **Colorie** sur chacun la face opposée à celle dont les arêtes sont en couleur.

b) **Complète** l'étiquette de chaque solide puis entoure les cubes et les pavés droits.

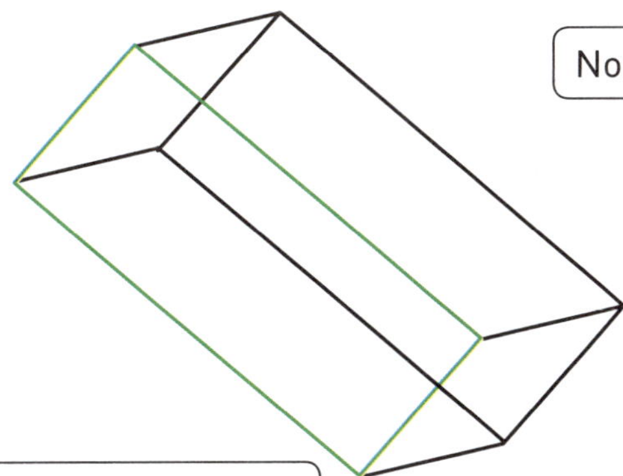

Nombre de sommets : ....

Nombre de faces : ....

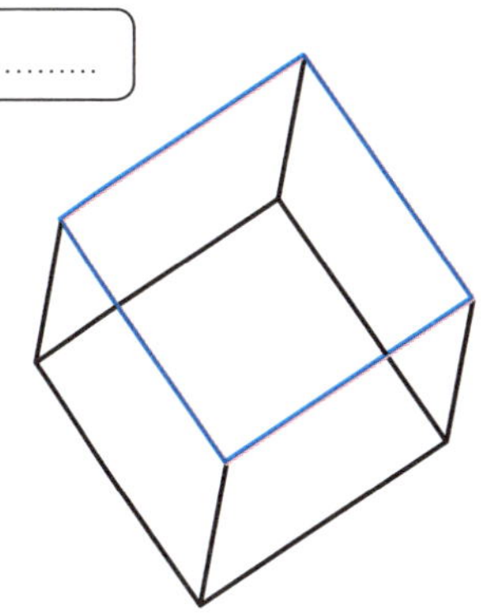

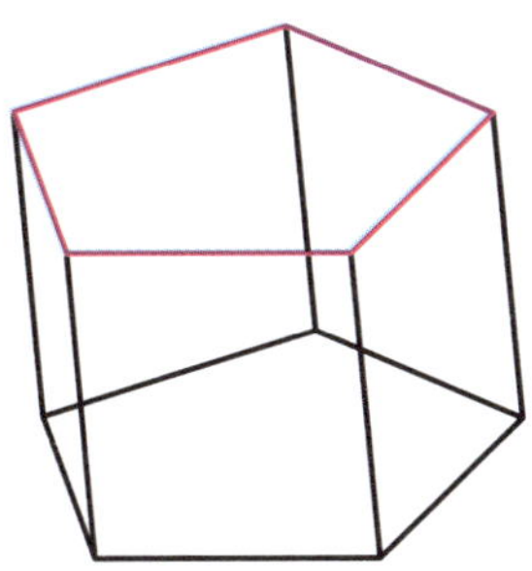

Nombre d'arêtes : ....

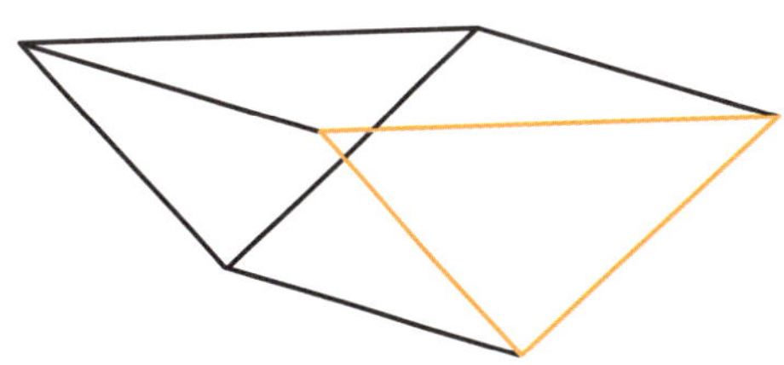

Nombre de faces : ....

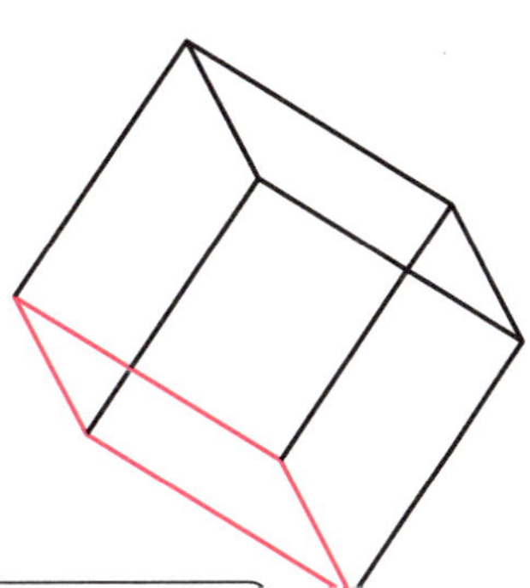

Nombre de sommets : ....

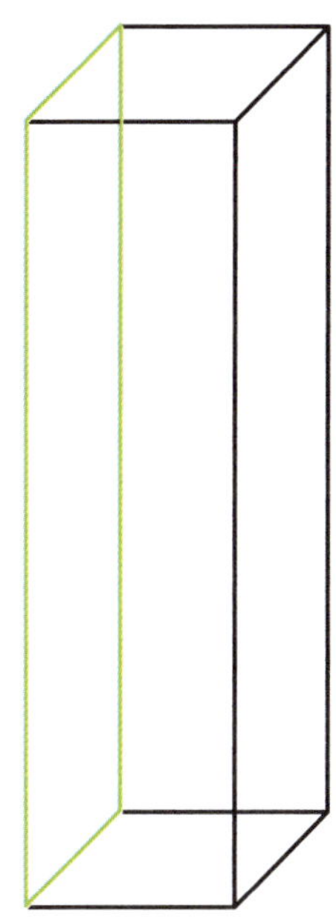

Nombre d'arêtes : ....

18 Connaître les unités de mesure de longueurs

1 **Entoure la seule réponse possible.**

- La longueur d'une fourmi : 3 cm – 3 mm – 30 mm – 30 cm.
- La longueur d'une piste d'athlétisme : 40 m – 400 dm – 4 km – 400 m.
- La longueur d'un pas d'adulte : 100 cm – 100 dm – 10 dam – 10 cm.
- La distance Terre – Lune : 384 km – 3 840 hm – 3 840 km – 384 000 km.
- La hauteur d'une porte : 205 mm – 205 cm – 25 cm – 25 m.
- L'épaisseur de la croûte terrestre : 40 m – 40 dam – 40 hm – 40 km.

2 **Observe les flèches.**

a) Mesure-les, puis indique leur longueur.

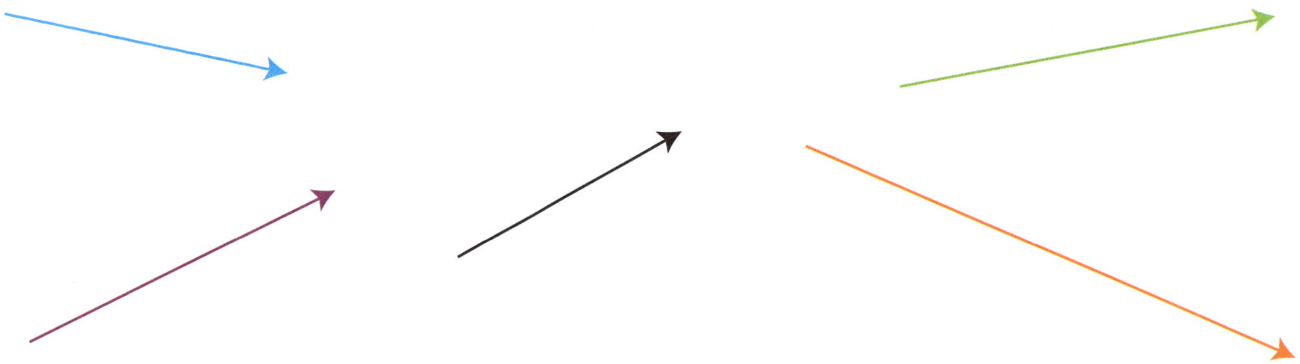

- Flèche noire : .... mm = ... cm et .... mm.
- Flèche bleue : .... mm = ... cm et .... mm.
- Flèche verte : .... mm = ... cm et .... mm.
- Flèche violette : .... mm = ... cm et .... mm.
- Flèche orange : .... mm = ... cm et .... mm.

b) Trace les flèches en suivant les indications.

Flèches	Mesures
Jaune	Le double de la violette
Rose	Le triple de la noire
Marron	La moitié de l'orange
Grise	6 cm et 7 mm
Rouge	43 mm

3 **Observe** la constellation d'étoiles.

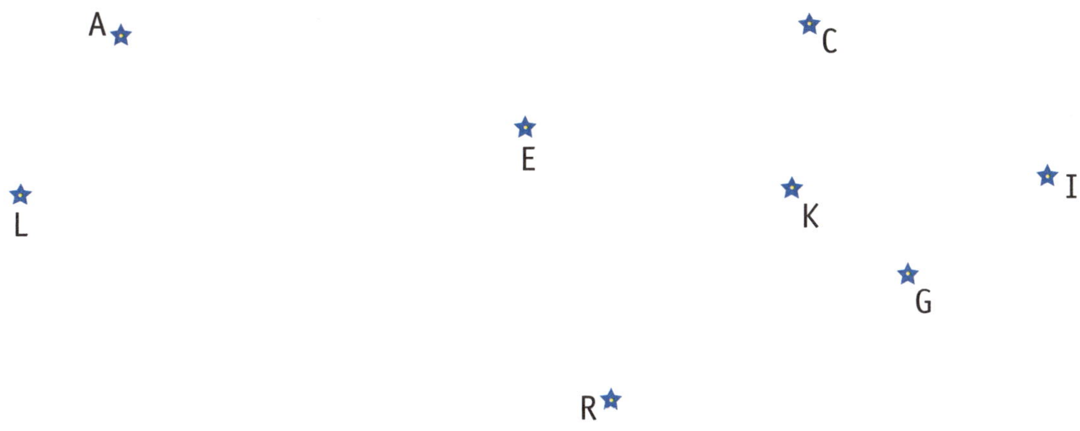

a) Trouve les étoiles situées aux distances suivantes de l'étoile A, à l'aide de ta règle et de ton compas, puis complète le tableau pour trouver le nom d'une étoile très brillante.

Distance de l'étoile A	8 cm	123 mm	1 dm 8 mm	54 mm	2 cm 5 mm
Lettres	....	....	....	....	....

b) Trouve l'étoile située à 9 cm de l'étoile A et à 4 cm de l'étoile E. Entoure-la.

4 **Observe** ces lignes brisées.

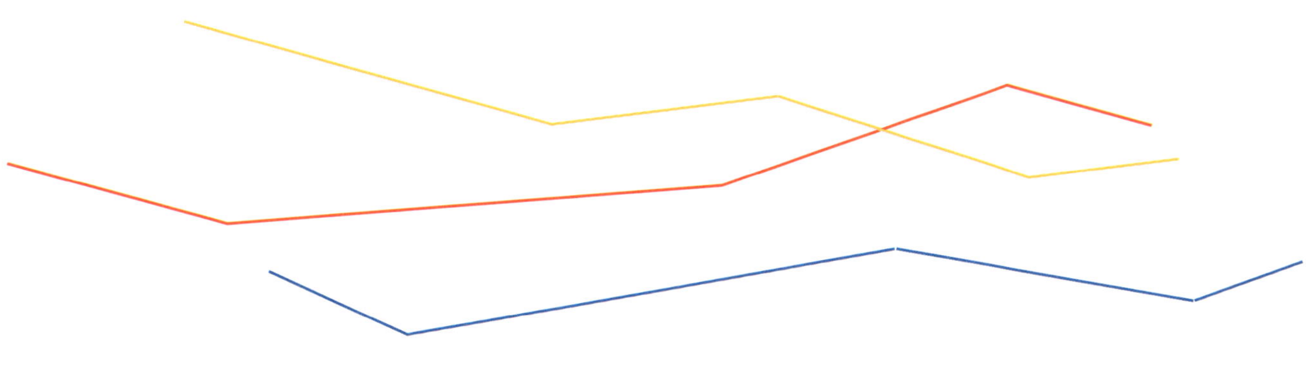

a) Mesure-les, puis indique leur longueur.

- Ligne rouge : .... mm = ... cm et .... mm = ... dm .... cm et .... mm.
- Ligne bleue : .... mm = ... cm et .... mm = ... dm .... cm et .... mm.
- Ligne jaune : .... mm = ... cm et .... mm = ... dm .... cm et .... mm.

b) Prolonge la ligne verte pour qu'elle ait une longueur totale de 14,5 cm.

c) Trace une ligne brisée noire qui a une longueur totale de 15,7 cm et qui est formée de quatre segments de droite.

19 Calculer le périmètre d'un polygone (1)

1 **Repasse** en rouge le contour des polygones et calcule leur périmètre.

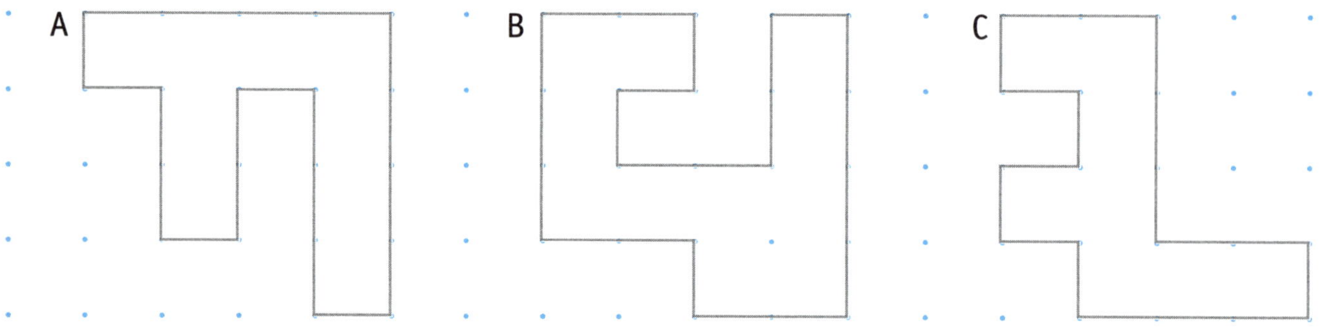

Polygones	A	B	C
Périmètre en cm	....	....	....

2 **Observe** ces polygones.

a) **Colorie** de la même couleur les polygones qui ont le même périmètre.

b) **Trace** un carré et un rectangle qui ont chacun le même périmètre que le polygone violet.

3 **Observe** cette figure et réponds aux questions.

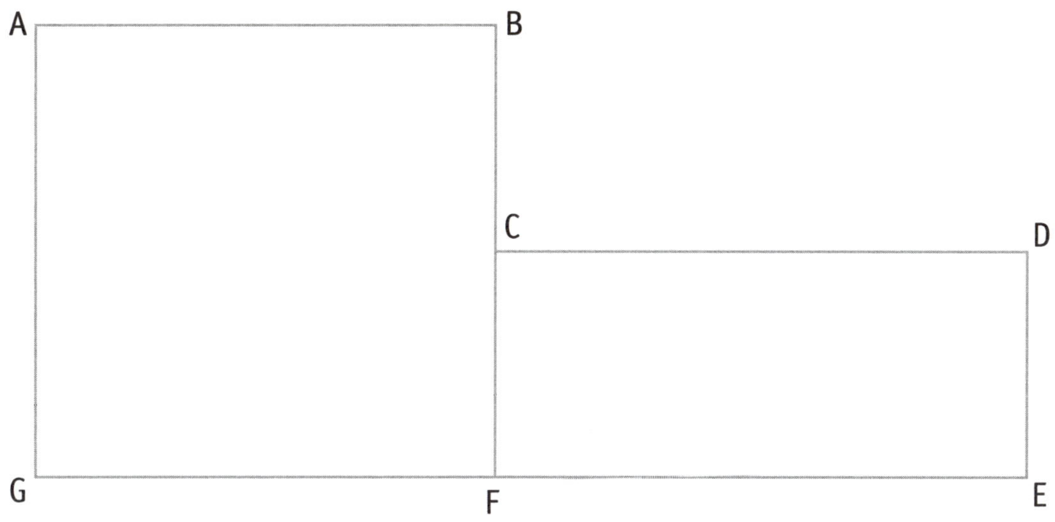

- **Repasse** en rouge les segments te permettant de calculer le périmètre de cette figure.
- Quel segment n'as-tu pas repassé ? ....
- **Calcule** le périmètre de cette figure. ....

4 **Trace :**

- en rouge, un polygone qui a un périmètre de 14 cm ;
- en vert, un carré qui a un périmètre de 2 dm ;
- en orange, un rectangle qui a un périmètre de 8 cm.

20 Calculer le périmètre d'un polygone (2)

1 **Mesure** les côtés de ces polygones, puis complète le tableau en indiquant deux façons de calculer leur périmètre.

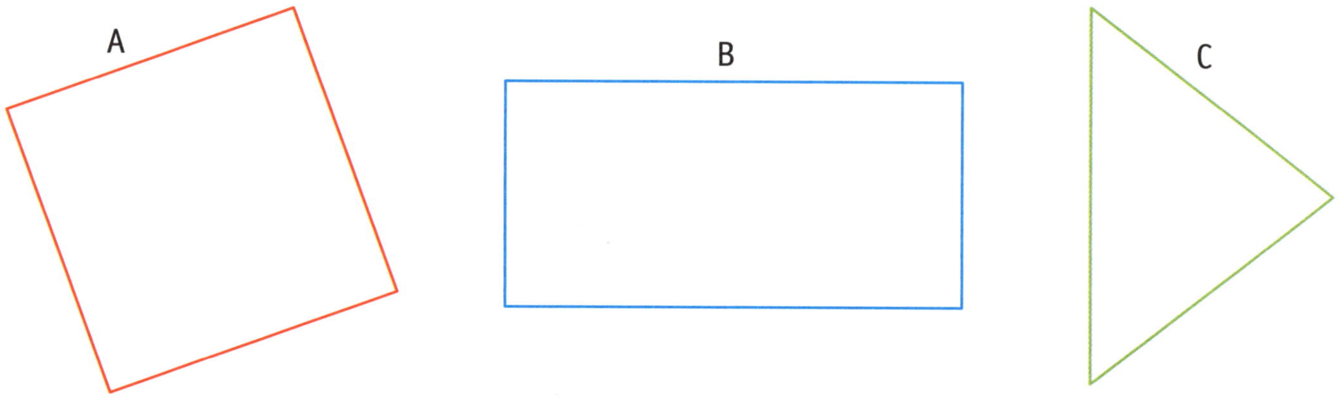

	Nom du polygone	Calcul 1	Calcul 2	Périmètre (en cm)
A	....	....	....	....
B	....	....	....	....
C	....	....	....	....

2 **Complète** le tableau, puis trace ces polygones.

	Nom du polygone	Calcul	Périmètre (en cm)
A	Carré	.... ×	12 cm
B	Rectangle	(5 + 1) × 2	....
C	Carré	.... ×	8 cm

3 **Observe** ces polygones et mesure leurs côtés.

a) Calcule leur périmètre en utilisant des formules.

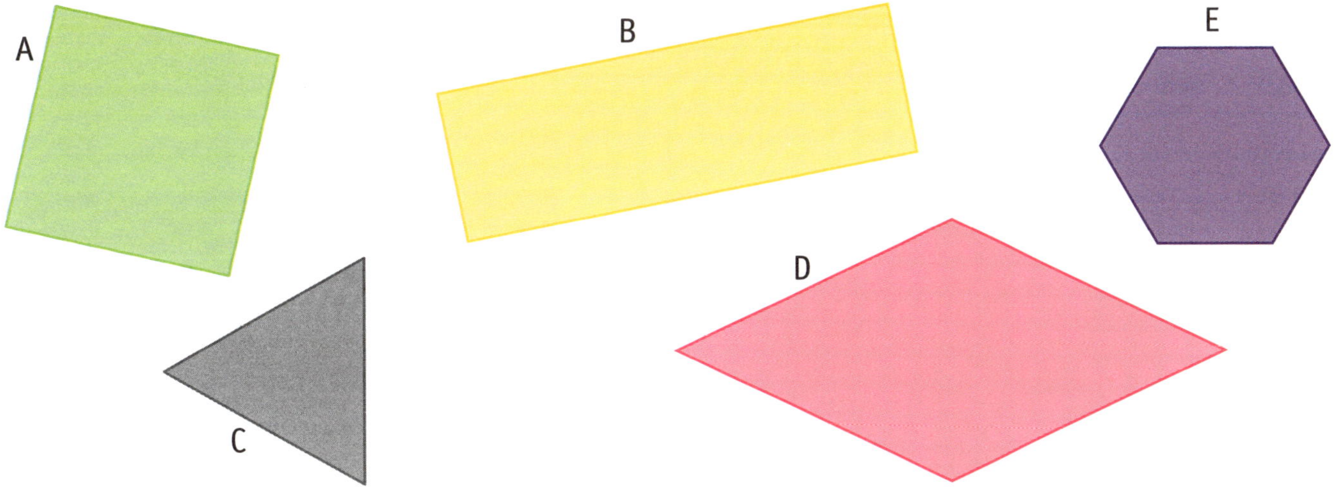

	A	B	C	D	E
Calculs	....	....	....	....	....
Périmètre (en cm)	....	....	....	....	....

b) Trace :

- un carré dont le périmètre mesure la moitié de celui du rectangle orange ;
- un rectangle dont le périmètre mesure le double de celui du carré vert ;
- un losange dont les diagonales mesurent 8 cm et 6 cm.

c) Calcule le périmètre du losange.

....

....

21 Mesurer et comparer des aires (1)

1 **Mesure** l'aire de chaque lettre avec l'unité proposée.

a) Colorie de la même couleur les lettres qui ont la même aire.

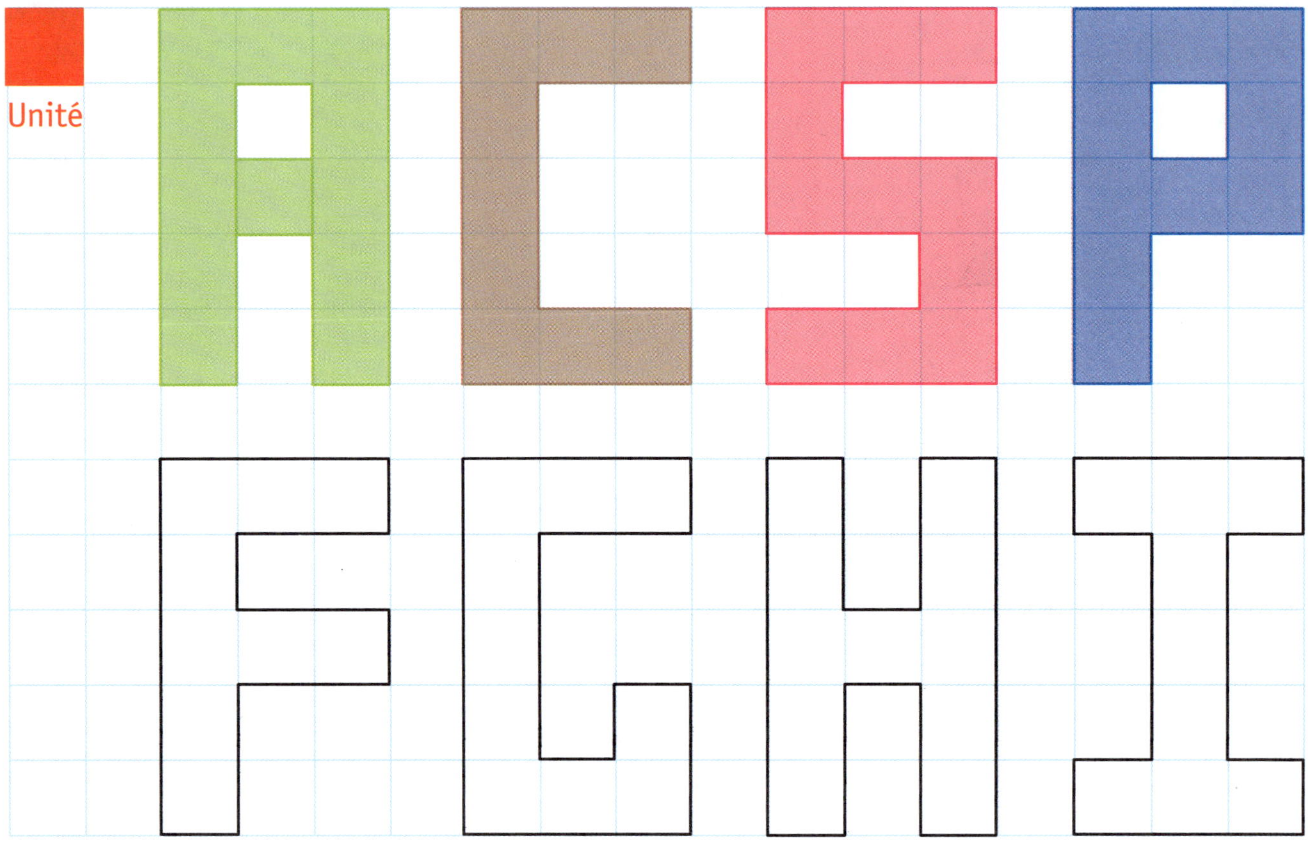

b) Trace une lettre qui a la même aire que la lettre C, une lettre qui a la même aire que la lettre A et une lettre qui a la même aire que la lettre P.

2 **Observe** ces surfaces.

a) **Exprime** leur aire en unité 1 (u1) et en unité 2 (u2).

- Aire de la surface verte : .... u1 et .... u2.
- Aire de la surface rose : .... u1 et .... u2.
- Aire de la surface orange : .... u1 et .... u2.
- Aire de la surface jaune : .... u1 et .... u2.

b) **Trace :**

- un losange qui a la même aire que la surface verte ;
- un parallélogramme qui a l'aire des surfaces rose et orange réunies.

c) **Trace** une figure qui a l'aire des quatre surfaces réunies.

22 Mesurer et comparer des aires (2)

1 **Exprime** l'aire de chacune de ces deux surfaces.

Aire de la surface A : .... unités.

Aire de la surface B : .... unités.

Laquelle de ces deux surfaces a la plus grande aire ? ....

2 **Observe** cette maison réalisée à partir des sept pièces d'un tangram.

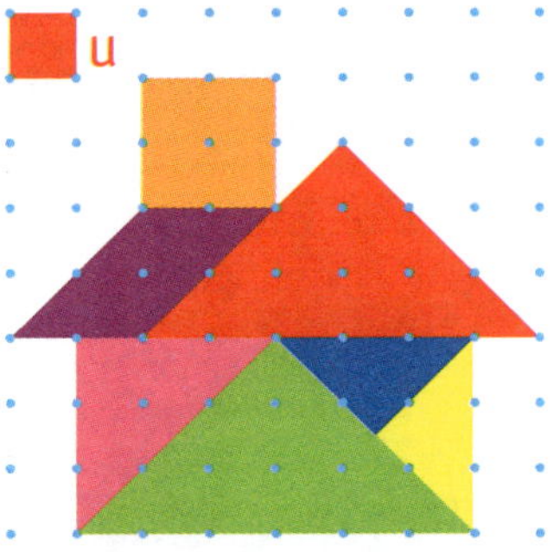

a) Mesure :

- l'aire du triangle rouge : .... u ;
- l'aire du carré orange : .... u ;
- l'aire du parallélogramme violet : .... u ;
- l'aire de la maison : .... u.

b) Reproduis la maison en doublant ses dimensions.

c) Calcule l'aire du nouveau triangle rouge dans l'unité donnée. ....

▸ Que remarques-tu par rapport à l'aire du triangle rouge du modèle ? ....

....

▸ Déduis-en l'aire de la maison agrandie. ....

....

3 **Observe ces figures.**

a) Colorie de la même couleur les surfaces qui ont la même aire.

b) Trace une surface qui a la même aire que la surface D mais une forme différente.

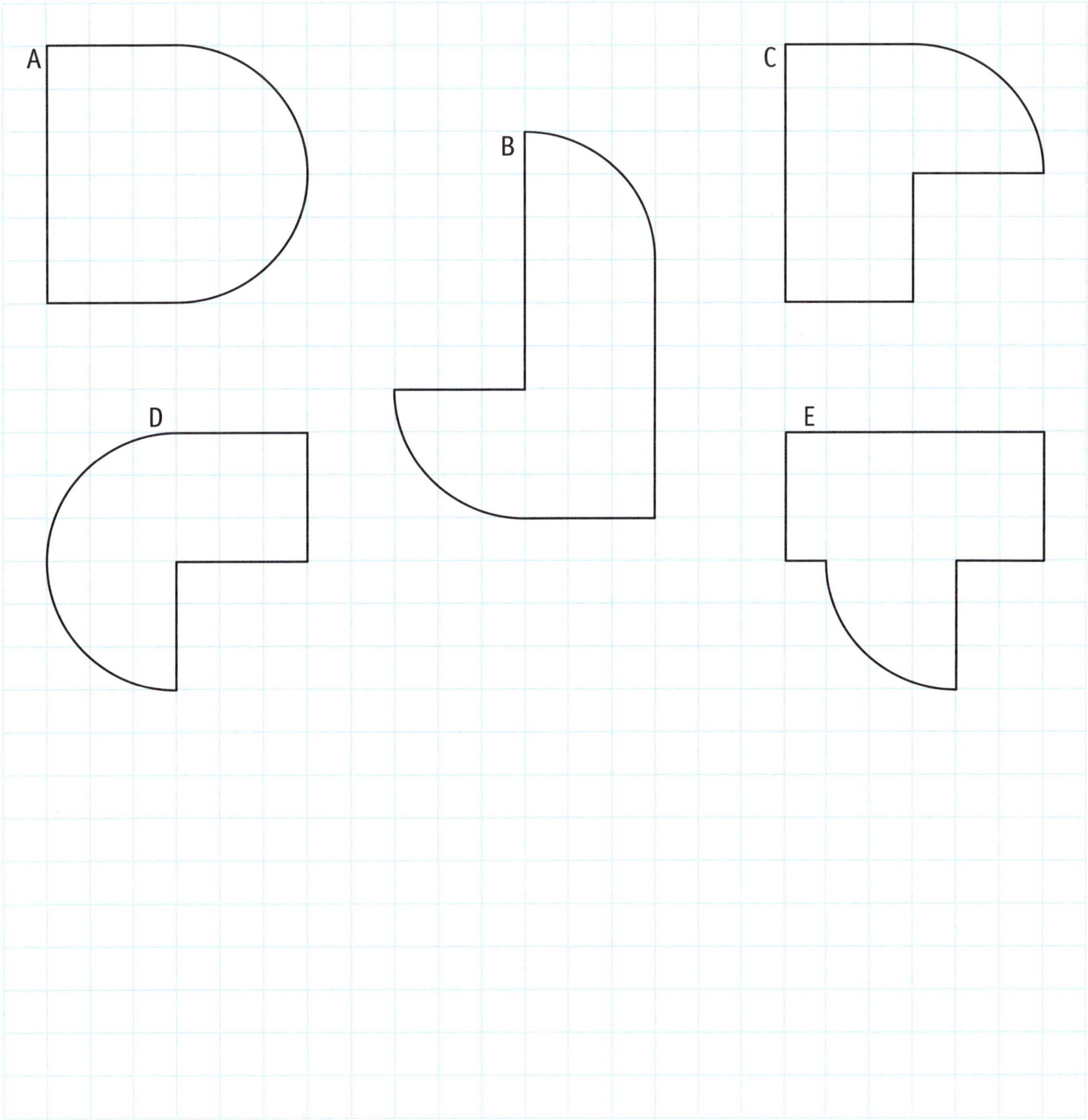

23 Comparer des mesures d’angles

1 **Observe ces figures.**

a) **Marque** les angles droits en rouge, les angles obtus en jaune et les angles aigus en vert.

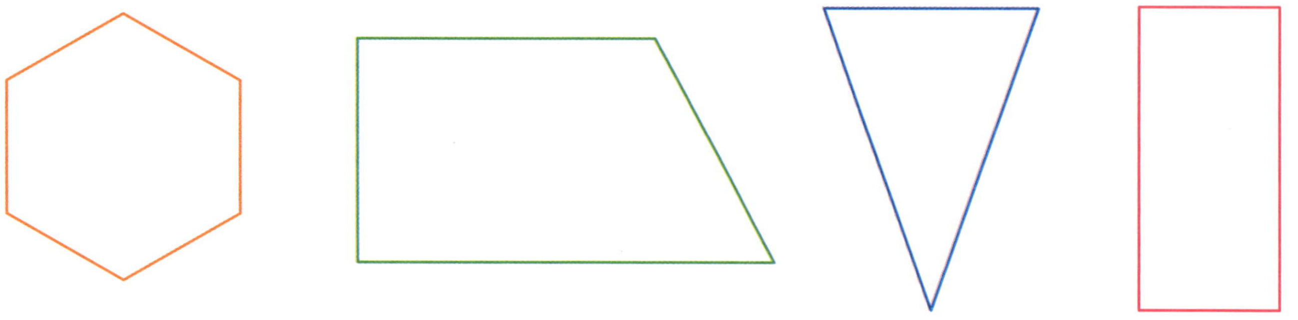

b) **Écris** le nom des figures qui ont tous leurs angles de même nature.

....

....

2 **Trace :**

- un triangle A qui a un angle droit ;
- un triangle B qui a un angle obtus ;
- un triangle C quelconque. Quelle est la nature de ses 3 angles ?

....

....

3 **Observe** ces angles puis complète le tableau.

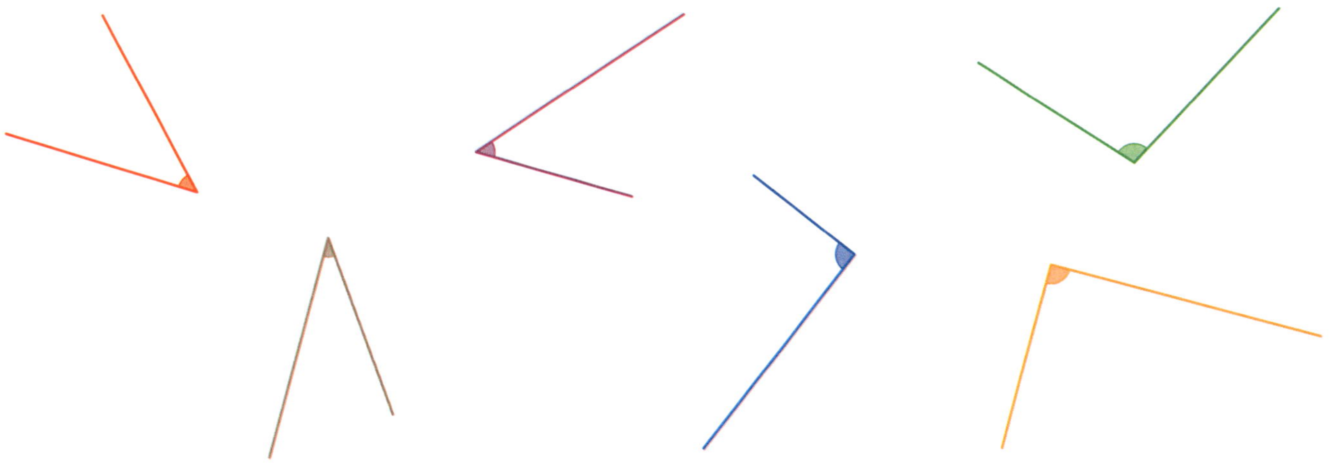

	À vue d'œil	Après vérification avec le papier calque
L'angle le plus grand	....	....
L'angle le plus petit	....	....
Deux angles identiques	....	....

4 Ce moulin a perdu ses ailes. L'angle de ses ailes est plus grand que l'angle A mais plus petit que l'angle C.

Reproduis l'angle qui correspond et replace les quatre ailes du moulin au point O.

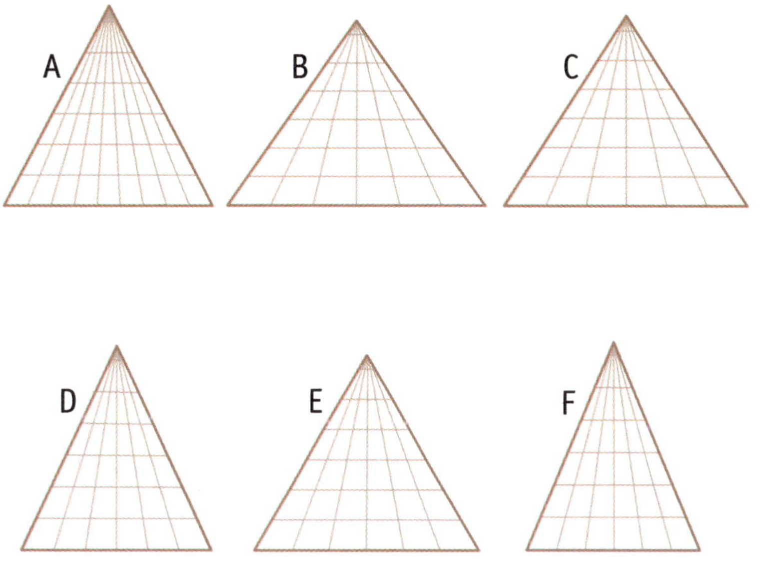

24 Lire l'heure

1 Colorie de la même couleur les étiquettes qui proposent des durées équivalentes.

1 h	22 h	30 min	15 min	120min
½ h	2 jours	½ journée	60 min	¼ h
24 h	1 jour	1 min	12 heures	60 s

En additionnant les temps des étiquettes non coloriées, tu trouveras le temps que met en moyenne une fusée pour aller sur la Lune. Écris-le en heures.

....

....

....

2 Colorie les étiquettes de la couleur de l'horloge indiquant la même heure.

00 : 30

13 : 50

1 h 50

Onze heures vingt

12 h 30

Midi et demie

Deux heures moins dix

12 : 30

23 : 20

11 h 20

Minuit et demie

3 h 45

15 : 45

Quatre heures moins le quart

3 Place les aiguilles sur les horloges.

Il est 15 h 35.

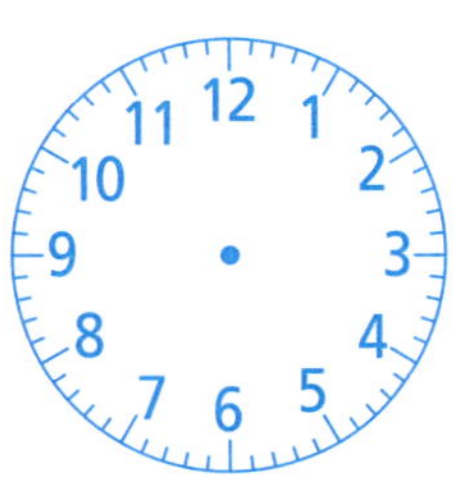

Il est 8 h 20.

Il est 20 h 10.

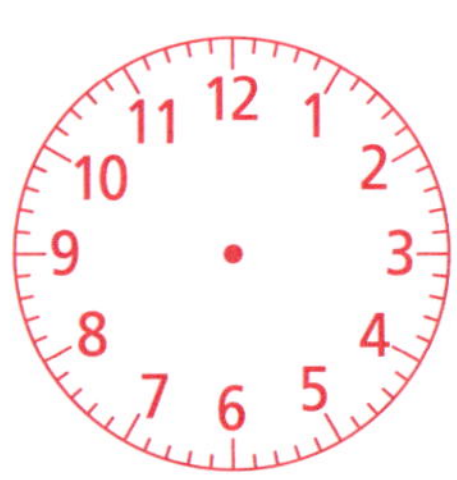

Il est 7 h 00.

Il est 23 h 55.

4 **Calcule** le temps qu'a mis chacun des cyclistes sachant qu'un centimètre correspond à 15 minutes.

	Heure de départ	Temps en minutes	Temps en heures et en minutes	Heure d'arrivée
cycliste vert	9 h 15			
cycliste bleu	10 h 05			
cycliste rouge	10 h 45			

5 a) **Calcule** le temps de cuisson de chacun des plats.

Début de cuisson : 12 h 05
Fin de cuisson : 12 h 55

Début de cuisson : 11 h 20
Fin de cuisson : 12 h 15

Début de cuisson : 19 h 40
Fin de cuisson : 20 h 25

b) **Place** les aiguilles en fonction de l'heure de début ou fin de cuisson.

25 Lire les coordonnées d'un point Placer un point sur un quadrillage

1 **Observe** les quadrillages.

a) Colorie les cases dans lesquelles se trouvent les lettres du mot « jouer » et écris leurs coordonnées.
J (..... ; .....), O (..... ; .....), U (..... ; .....),
E (..... ; .....), R (..... ; .....).

	1	2	3	4	5
A	B	J	K	A	N
B	V	S	E	L	W
C	H	G	M	B	U
D	O	S	T	D	T
E	I	C	F	R	Q

b) Place les lettres du mot « gagner » en suivant ces instructions : G (B ; 4), A (A ; 1), G (E ; 2), N (D ; 5), E (C ; 2), R (E ; 1).
Remplis ensuite les cases restantes avec d'autres lettres.

	1	2	3	4	5
A	....	....	....	....	....
B	....	....	....	....	....
C	....	....	....	....	....
D	....	....	....	....	....
E	....	....	....	....	....

2 **Observe** le calendrier du jardinier au mois de novembre.

Lundi	Mardi	Mercredi	Jeudi	Vendredi	samedi	Dimanche
				1	2	3
4	5	6	7	8 Ramassage premières noix	9	10
11	12	13	14 Plantation bulbes jacinthes	15	16	17 Mise à l'abri bulbes dahlias
18	19 Taille poiriers	20	21	22	23	24
25	26	27	28	29 Ramassage dernières noix	30	

a) Colorie les cases du calendrier en fonction des occupations du jardinier.
Le jardinier finit de cueillir les dernières pommes le troisième samedi de novembre.
Il plante les framboisiers le dernier jeudi du mois. Il ramasse les citrouilles le lundi 18.
Il taille les haies le dernier jour du mois.

b) Complète les phrases en te reportant au calendrier.

Les bulbes de jacinthes ont été plantés le .... novembre, c'était un ....

Le .... novembre le jardinier taille ses poiriers. Les bulbes de dahlias sont mis à l'abri le .... jour du mois. Les noix sont ramassées en .... semaines. .... jours se sont écoulés entre le ramassage des citrouilles et la taille des haies.

3 **Observe** la carte de l'Île de la Réunion.

a) **Écris** les coordonnées des étapes de la course à pieds du Grand Raid.

- Foc Foc (..... ; .....),
- Le Volcan (..... ; .....),
- Mare à Boue (..... ; .....),
- Hell-Bourg (..... ; .....),
- Cilaos (..... ; .....),
- Roche Plate (..... ; .....),
- Deux Bras (..... ; .....),
- Dos d'Âne (..... ; .....),
- La Possession (..... ; .....).

b) **Place** sur la carte les étapes suivantes, puis trace le trajet effectué par les coureurs du Grand Raid en reliant les étapes répertoriées dans les tableaux et celles déjà inscrites en rouge sur la carte.

Cap Méchant	(P ; 17)
Chemin de Ceinture	(Q ; 16)

Textor	(N ; 12)
Marla	(H ; 9)

Grande Chaloupe	(G ; 2)
Colorado	(H ; 3)

4 **Observe** la carte de l'Île pour la reproduire dans ce quadrillage.

a) **Place** sur ce quadrillage les points noirs des villes de la carte.

b) **Trace** le contour de l'Île en t'aidant des points noirs des villes.

c) **Place** le Piton des Neiges ▲ (I ; 8).

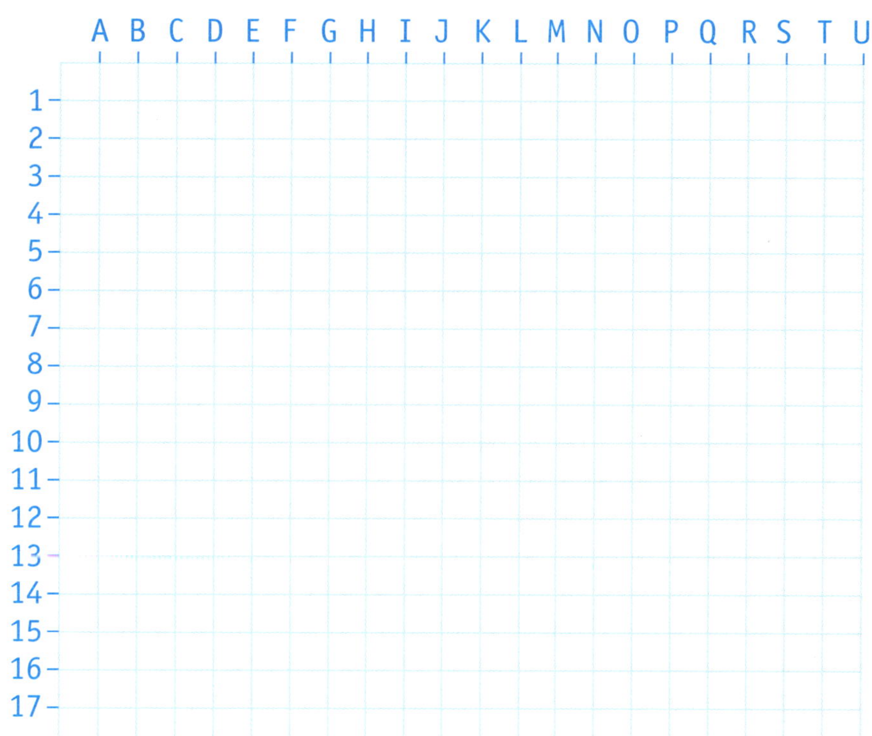

26 Lire et construire un tableau

1 **Observe** ce tableau.

Tableau météorologique – Aurillac (Cantal) Données pour la première semaine de juin					
Jour	Température minimale (en °C)	Température maximale (en °C)	Ensoleillement (en heures)	Précipitations Pluie (en mm)	Vent Rafales (km/h)
Dim 1	4	19	12		35
Lun 2	8	18	7		40
Mar 3	8	18	10	2	31
Mer 4	10	16	4	8	44
Jeu 5	3	22	14		21
Ven 6	12	24	11		45
Sam 7	16	27	10		44
Dim 8	14	30	14		31

a) Colorie :

- en rose, la case qui indique la température minimale du mercredi 4 ;
- en vert, la case du jour où les rafales de vent atteignaient 35 km/h ;
- en bleu, la case du jour le moins ensoleillé de la semaine ;
- en jaune, la case qui indique la quantité de précipitations du mercredi 4.

b) Entoure la bonne réponse.

- Le samedi 7, il n'a pas plu. VRAI FAUX
- Il a plu davantage le mardi 3 que le mercredi 4. VRAI FAUX
- Le dimanche 8, il a fait beau et chaud mais il a plu. VRAI FAUX
- Le lundi 2, les rafales de vent atteignaient 40 km/h. VRAI FAUX
- Le vendredi 6, la température minimale a été de 11 degrés. VRAI FAUX
- Il n'a plu ni le samedi 7 ni le dimanche 8. VRAI FAUX

c) Réponds aux questions.

- Quelle a été la température maximale du dimanche 8 ? ....
- Quel jour le vent a-t-il soufflé le plus fort ? ....
- Quel jour y a-t-il eu le plus de pluie ? ....
- Quelle a été la température maximale de la semaine ? ....
- Quelle a été la température minimale de la semaine ? ....

2 **Complète** le tableau des températures maximales et minimales de ces grandes villes d'Europe.

Températures – Europe

Samedi 26 juillet

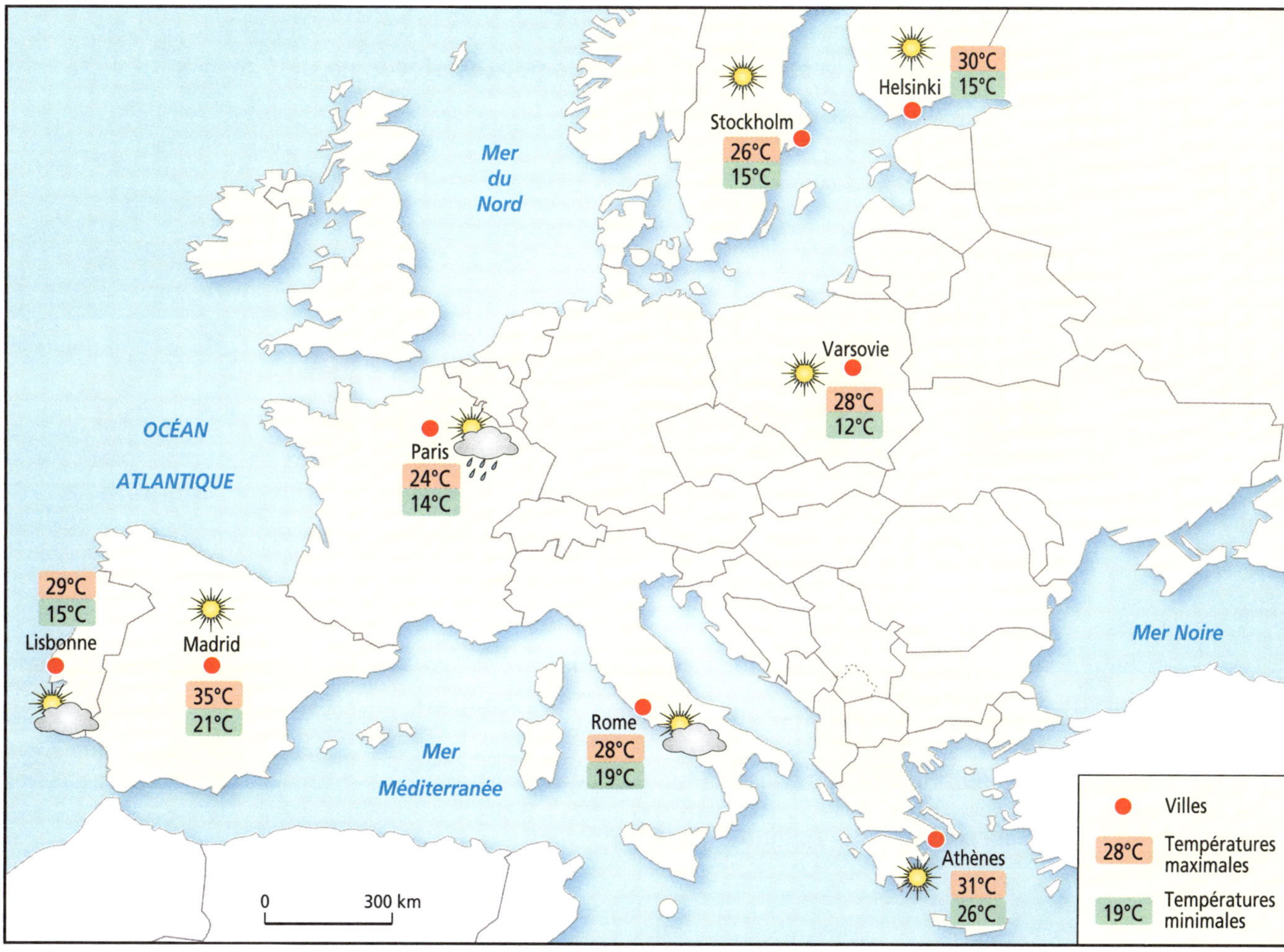

Lisbonne		
	14°C	24°C

27 Lire et construire un graphique (1)

1 Observe ce graphique, puis réponds aux questions.

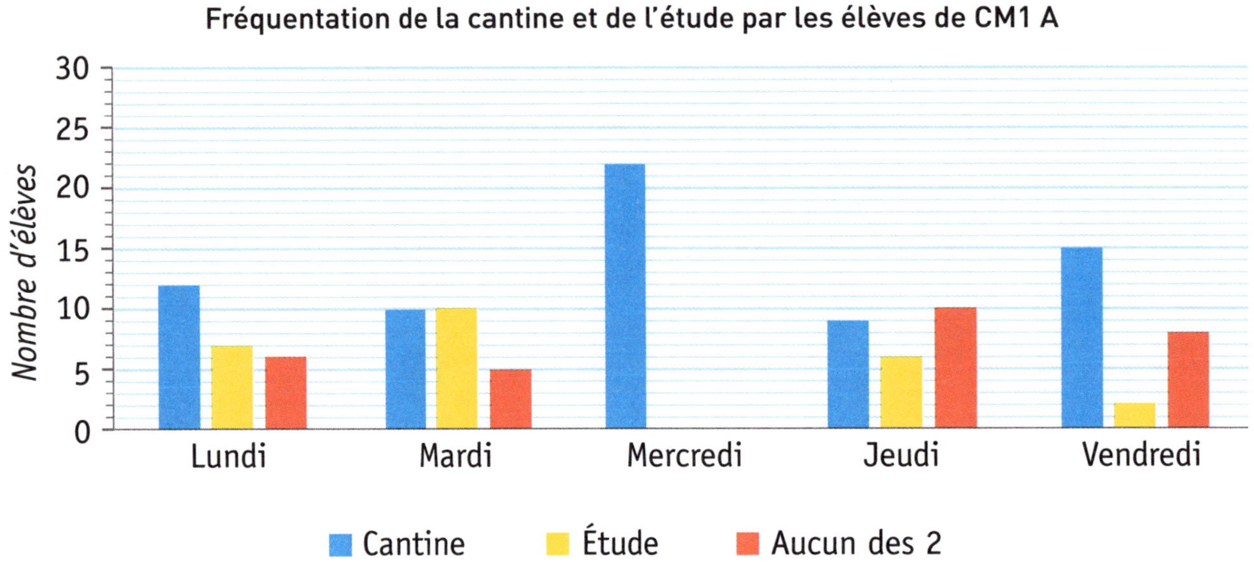

- Combien d'élèves de CM1 A restent à la cantine le mercredi ? ....
- Combien d'élèves restent à l'étude le vendredi ? ....
- Quel jour y a-t-il autant d'élèves à la cantine qu'à l'étude ? ....
- Quel jour y a-t-il six élèves qui restent à l'étude ? ....

2 Observe ce graphique, puis entoure la bonne réponse.

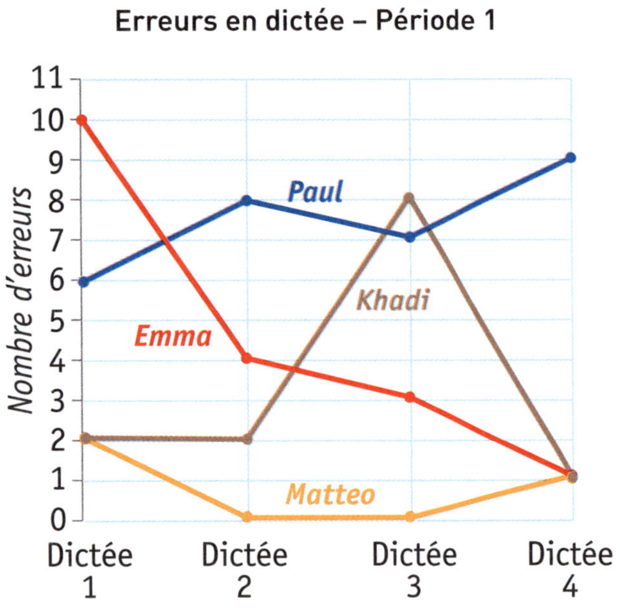

- Matteo est le seul à réussir une dictée sans erreur.
  VRAI FAUX
- Khadi a fait six erreurs à la dictée 4.
  VRAI FAUX
- C'est Matteo qui a fait le moins d'erreurs.
  VRAI FAUX
- C'est Paul qui a fait le plus de progrès.
  VRAI FAUX
- Les résultats de Khadi sont très irréguliers.
  VRAI FAUX
- Paul a fait moins d'erreurs à la dictée 3 qu'à la dictée 4.
  VRAI FAUX
- Emma fait de moins en moins d'erreurs.
  VRAI FAUX
- Matteo a fait trois erreurs à la dictée 3.
  VRAI FAUX

3 **Observe** ce tableau et ce graphique.

a) **Complète** les étiquettes sur le graphique.

b) **Construis** la courbe des températures maximales et termine la légende.

Températures (en degrés)	Ven. 1	Sam. 2	Dim. 3	Lun. 4	Mar. 5	Mer. 6	Jeu. 7	Ven. 8	Sam. 9	Dim. 10	Lun. 11	Mar. 12	Mer. 13	Jeu. 14	Ven. 15
Températures max	25	26	26	25	27	26	26	29	22	28	25	24	22	21	22
Températures min	16	17	18	16	14	15	19	17	18	19	16	15	13	14	15

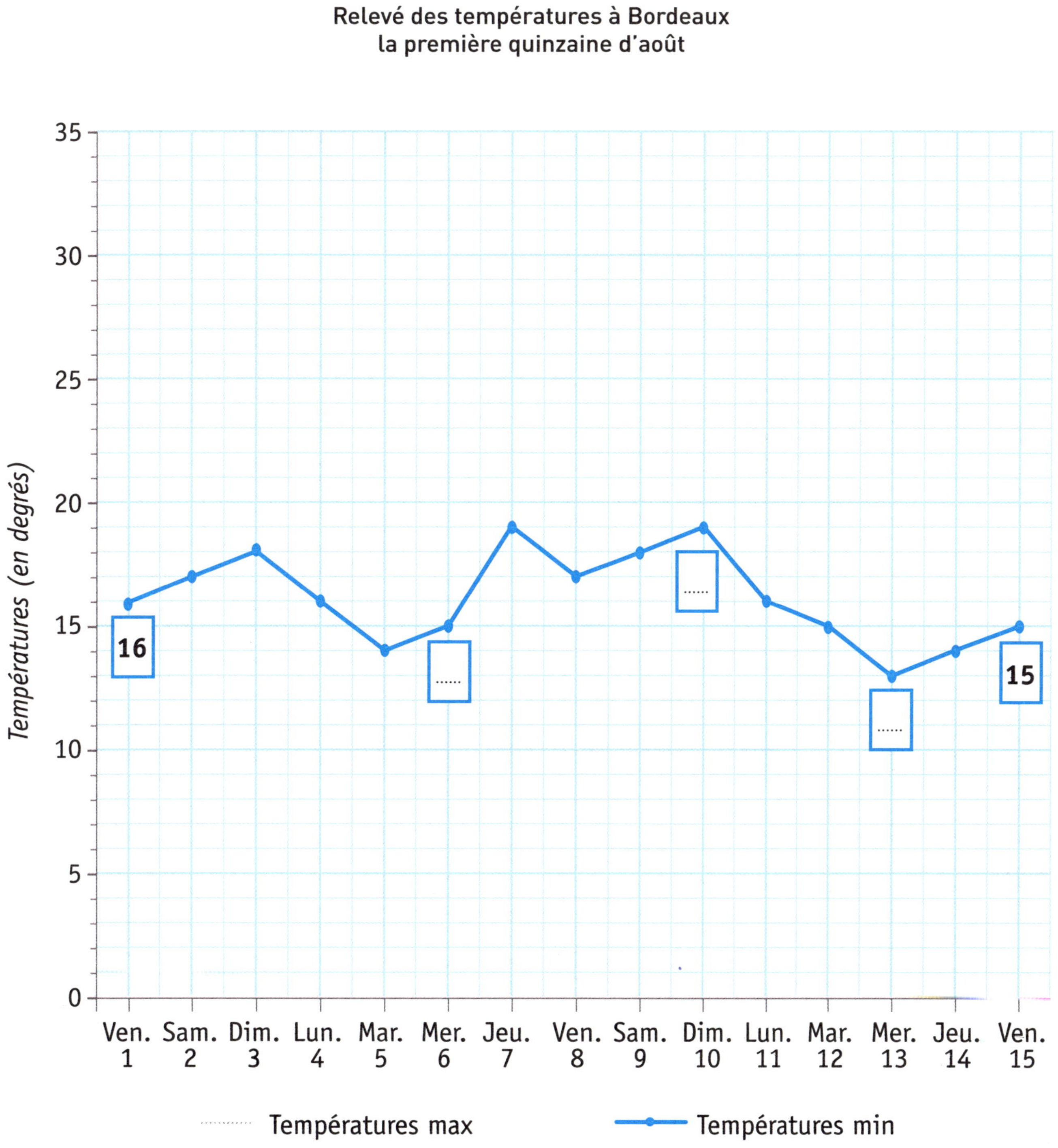

28 Lire et construire un graphique (2)

1 **Observe** ce tableau.

a) **Complète** les étiquettes sur le graphique.

b) **Calcule** le budget total de la famille Gepar pour ses vacances et complète le tableau.

Dépenses	Total (en €)
Transport	900
Logement	1 500
Alimentation	650
Loisirs	275
Divers	105
TOTAL	....

Budget des vacances pour la famille Gepar

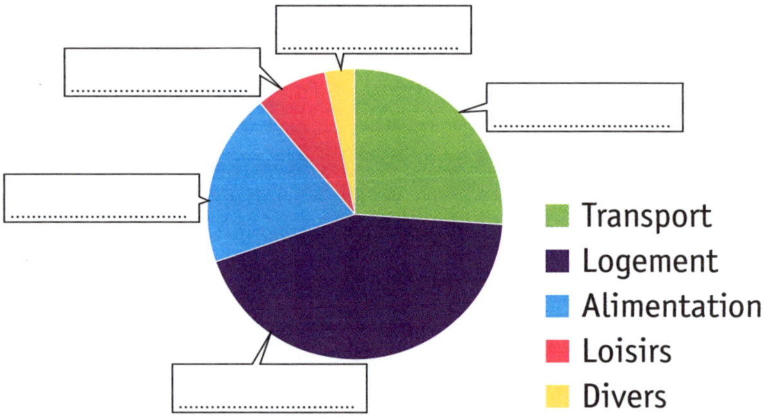

2 **Observe** ce tableau, complète-le puis construis le graphique en bâtons.

Jours	Sam. 1	Dim. 2	Lun. 3	Mar. 4	Mer. 5	Jeu. 6	Ven. 7	Sam. 8	Dim. 9	Lun. 10	Mar. 11	Mer. 12	Jeu. 13	Ven. 14
Pluie (en mm)	....	....	....	3	2	1	5	7	5	2	7	21	3	20

Jours	Sam. 15	Dim. 16	Lun. 17	Mar. 18	Mer. 19	Jeu. 20	Ven. 21	Sam. 22	Dim. 23	Lun. 34	Mar. 25	Mer. 26	Jeu. 27	Ven. 28
Pluie (en mm)	2	5	10	0	13	8	7	14	14	6	2	22	6	2

Quantité de pluie à Glasgow (Écosse) en février

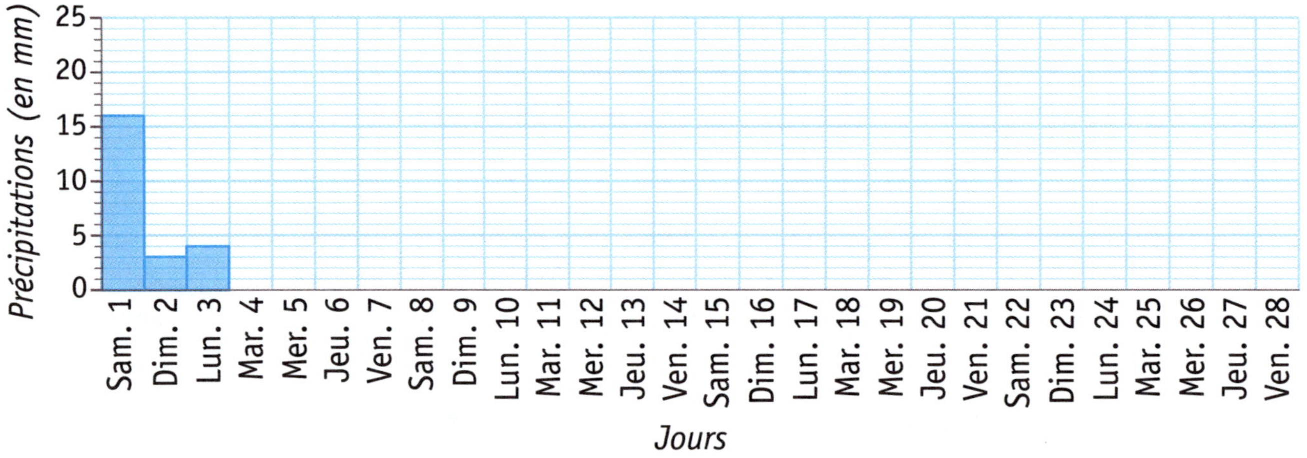

3 **Observe** ce tableau puis construis le graphique en courbes des températures moyennes maximales de Brest et de Nîmes.

N'oublie pas d'écrire le titre et de compléter la légende et le titre de l'axe vertical.

Moyenne des températures annuelles à Nîmes et à Brest

		janvier	Février	Mars	Avril	Mai	Juin	Juillet	Août	Septembre	Octobre	Novembre	Décembre
Températures moyennes maximales (en degrés)	Brest	9	9	11	13	16	18	20	20	19	15	12	9
	Nîmes	11	13	16	18	23	27	31	30	25	20	14	11

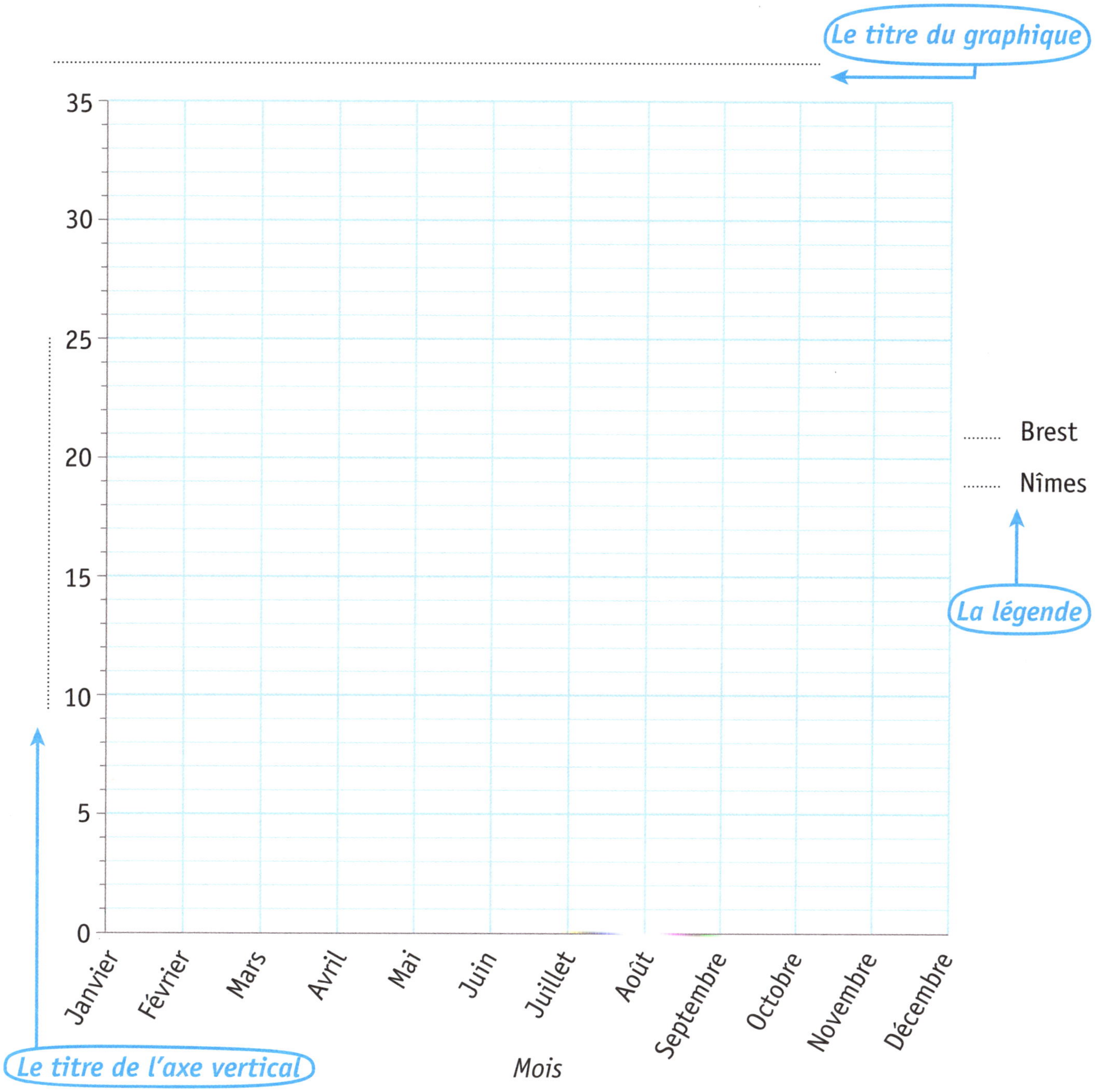

29 Aborder la proportionnalité (1)

1 **Entoure les cases qui proposent une situation de proportionnalité.**

a)

6 €

18 €

20 €

36 €

40 €

b)

4 € le mètre

6 € les 2 m

8 € les 2 m

10 € les 3 m

12 € les 3 m

c)

120 g

720 g

360 g

1 200 g

840 g

2 **Complète ces tableaux.**

a) Un professeur donne des cours de piano à 25 € de l'heure.

Nombre d'heures de cours	1	3	5	7	11	15	20	
Salaire (en €)	25	....	....	....	....	....	....	× ....

b) Un litre d'eau de mer contient 35 g de sel.

Quantité d'eau de mer (en L)	1	4	6	10	20	50	
Quantité de sel (en g)	....	....	....	....	....	....	× ....

c) Une usine fabrique en moyenne 750 jouets en 3 heures.

Temps (en h)	1	3	4	8	10	15	
Nombre de jouets fabriqués	....	....	....	....	....	....	× ....

3 **Lis** cette recette de pâte à crêpes, puis complète le tableau.

Pâte à crêpes (pour 30 crêpes)
Verser 600 g de farine dans une terrine et former un puits.
Ajouter six œufs entiers, six cuillérées à soupe de sucre et quatre cuillérées à soupe d'huile.
Ajouter 100 g de beurre fondu.
Mélanger délicatement avec un fouet en ajoutant au fur et à mesure 60 cL de lait.
La pâte est prête.

Ingrédients	Pour 15 crêpes	Pour 30 crêpes	Pour 60 crêpes
Farine (en g)			
Œufs (nombre)			
Sucre (cuillérées)			
Huile (cuillérées)			
Beurre (en g)			
Lait (en cL)			

4 a) **Mesure** ces carrés puis complète le tableau.

Carré	bleu	orange	vert	jaune	violet
Mesure du côté (en cm)					
Périmètre (en cm)				36	44

b) Quel est le rapport entre la longueur d'un côté d'un carré et son périmètre ?

30 Aborder la proportionnalité (2)

1 **Complète** ces tableaux de proportionnalité.

× 3	3	8	10	15	20	50
	....	....	....	....	....	....

× 9	2	....	....	10	15	....
	....	36	81	....	....	99

× ...	3	8	10	15	20	50
	....	....	80	....	....	....

× 6	3	....	....	5	9	....
	....	12	36	....	....	60

×	3	5	8	10	15	20
	....	....	40	....	....	....

×	1	2	4	8	10	16
	1,5	....	....	....	....	....

2 **Complète ce tableau pour répondre à la question.**

Chaque semaine, Paulo économise 4,50 € sur son argent de poche.

×	1	2	....	....	....	....	....	....
	4,5	....	....	....	....	....	....	....

Au bout de combien de semaines d'économie pourra-t-il s'acheter un jeu vidéo à 36 € ?

....

....

....

....

3 **Lucie s'est lancée dans la fabrication de bracelets et colliers à élastiques de différentes longueurs.** Son prix de vente est proportionnel au nombre d'élastiques du bracelet ou du collier.

a) Complète les tableaux de proportionnalité.

Nombre de bracelets bleus	1	2	5	10	15	20	50	100
Prix (en €)	2	....	....	....	....	....	....	....
Nombres d'élastiques utilisés	50	....	....	....	....	....	....	....

Nombre de bracelets orange	1	3	9	....	12	....	20	....
Prix (en €)	....	....	....	40	....	60	....	....
Nombres d'élastiques utilisés	100	....	....	....	....	....	....	3 000

b) Complète le nombre d'élastiques dont Lucie aura besoin pour ces commandes.

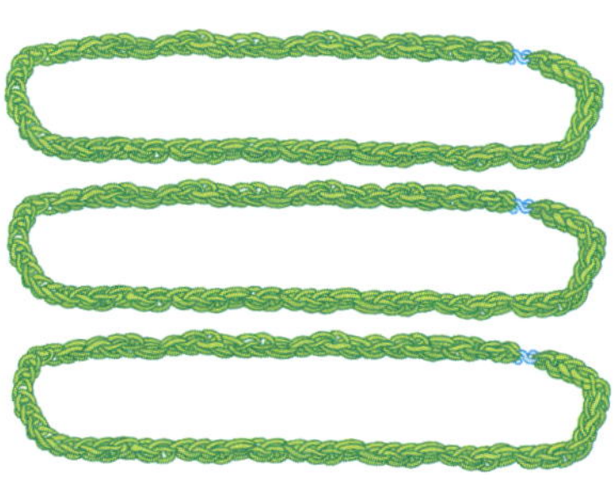

Nombre d'élastiques : ....

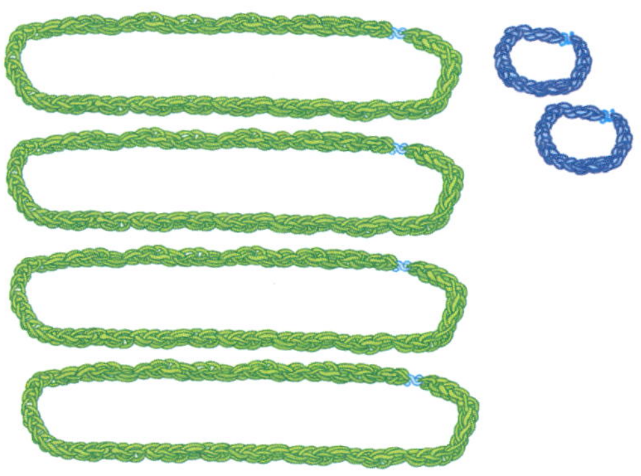

Nombre d'élastiques : ....

c) Indique le prix d'un collier vert et trouve deux façons de le calculer.

....

....

d) Myriam dispose de 20 €. **Trouve** quatre commandes différentes qu'elle pourrait passer à Lucie.

....

....

....

....

Achevé d'imprimer en Mars 2015
par «La Tipografica Varese Srl»
N° éditeur : 2015-0371
Dépôt légal : Mars 2015

IMPRIM'VERT
Votre imprimeur agit pour l'environnement

Certifié PEFC
Ce produit est issu de forêts gérées durablement et de sources contrôlées
PEFC
PEFC/18-31-264
www.pefc-france.org